GEOMORFOLOGIA AMBIENTAL

Leia também:

Antonio J. Teixeira Guerra

Coletânea de Textos Geográficos de Antônio Teixeira Guerra
Novo Dicionário Geológico-Geomorfológico

Antonio J. Teixeira Guerra & Sandra B. Cunha

Geomorfologia e Meio Ambiente
Geomorfologia: Uma Atualização de Bases e Conceitos
Impactos Ambientais Urbanos no Brasil

Antonio J. Teixeira Guerra, Antonio S. Silva
& Rosângela Garrido M. Botelho

Erosão e Conservação dos Solos

Sandra B. Cunha & Antonio J. Teixeira Guerra

Avaliação e Perícia Ambiental
Geomorfologia: Exercícios, Técnicas e Aplicações
Geomorfologia do Brasil
A Questão Ambiental: Diferentes Abordagens

Antonio C. Vitte e Antonio J. Teixeira Guerra

Reflexões Sobre a Geografia Física no Brasil

Gustavo H. S. Araujo, Josimar R. Almeida e
Antonio J. Teixeira Guerra

Gestão Ambiental de Áreas Degradadas

Antonio José Teixeira Guerra
Mônica dos Santos Marçal

Geomorfologia Ambiental

9ª EDIÇÃO

Rio de Janeiro | 2025

Copyright © 2006, Antonio J. T. Guerra e Mônica S. Marçal

Capa: Leonardo Carvalho

Editoração: DFL

2025
Impresso no Brasil
Printed in Brazil

CIP-Brasil. Catalogação na fonte
Sindicato Nacional dos Editores de Livros, RJ

Guerra, Antonio José Teixeira

G963g   Geomorfologia ambiental/Antonio José Teixeira Guerra, Mônica
9ª ed. dos Santos Marçal — 9ª ed. — Rio de Janeiro: DIFEL, 2025.
190p.
Inclui bibliografia
ISBN 978-85-286-1192-2

1. Geomorfologia — Aspectos ambientais. 2. Política ambiental
3. Proteção ambiental. I. Marçal, Mônica dos Santos. II. Título.

CDD — 551.4
06-1885   CDU — 551.4

Todos os direitos reservados pela:
DIFEL — selo editorial da
EDITORA BERTRAND BRASIL LTPA.
Rua Argentina, 171 — 3° andar — São Cristóvão
20921-380 — Rio de Janeiro — RJ

Não é permitida a reprodução total ou parcial desta obra, por
quaisquer meios, sem a prévia autorização por escrito da Editora.

Atendimento e venda direta ao leitor:
sac@record.com.br

SUMÁRIO

Apresentação 7
Prefácio 9
Autores 11

CAPÍTULO *1* INTRODUÇÃO 13

CAPÍTULO *2* GEOMORFOLOGIA AMBIENTAL — CONCEITOS, TEMAS E
APLICAÇÕES 17

1. Introdução 17
2. Conceitos 19
   2.1. Histórico 19
   2.2. Conceitos 22
3. Temas 26
   3.1. Geomorfologia urbana 28
   3.2. Geomorfologia das áreas rurais 32
   3.3. Geomorfologia e planejamento 37
4. Aplicações 41
   4.1. Geomorfologia aplicada ao turismo 42
   4.2. Geomorfologia aplicada à exploração de recursos minerais 46
   4.3. Geomorfologia aplicada ao aproveitamento de recursos
       hídricos 50
   4.4. Geomorfologia aplicada à produção de energia hidrelétrica 55
   4.5. Geomorfologia aplicada ao saneamento básico 59

4.6. Geomorfologia aplicada às Unidades de Conservação 62

4.7. Geomorfologia aplicada ao estudo das áreas costeiras 66

4.8. Geomorfologia aplicada aos EIAs-RIMAs 69

4.9. Geomorfologia aplicada ao diagnóstico de áreas degradadas 72

4.10. Geomorfologia aplicada aos estudos dos movimentos de massa 75

4.11. Geomorfologia aplicada aos estudos da erosão dos solos 79

4.12. Geomorfologia aplicada às linhas de transmissão de energia elétrica 83

4.13. Geomorfologia aplicada à recuperação de áreas degradadas 86

5. Conclusões 90

CAPÍTULO 3 GEOMORFOLOGIA E UNIDADE DE PAISAGEM 93

1. Introdução 93

2. Geomorfologia no contexto da análise ambiental 94

3. As diferentes abordagens do conceito de paisagem e unidade de paisagem 101

3.1. Conceitos de paisagem e de paisagem integrada 102

3.2. Do dimensionamento da paisagem à definição de unidades de paisagem 116

4. Importância da geomorfologia no estudo integrado da paisagem 125

4.1. Possibilidades de aplicações do mapeamento geomorfológico 129

4.2. Metodologias de mapeamento geomorfológico 138

5. Conclusões 147

CAPÍTULO 4 CONSIDERAÇÕES FINAIS 151

CAPÍTULO 5 BIBLIOGRAFIA 155

Índice remissivo 167

APRESENTAÇÃO

Geomorfologia Ambiental vem atender a uma demanda atual de trabalhos voltados ao planejamento ambiental, tanto em nível de questões teórico-metodológicas como de ferramentas utilizadas para a sua execução. O livro tanto aborda questões relacionadas aos conceitos, temas e aplicações da *Geomorfologia Ambiental* como discute a evolução da paisagem e das unidades de paisagem no âmbito das escolas de Geografia Física, relacionando as metodologias de caráter territorial e regional, que são de grande importância nos mapeamentos geomorfológicos abordados tanto na literatura nacional como internacional.

Nesse sentido, *Geomorfologia Ambiental* vem preencher uma lacuna na literatura brasileira, no que se refere aos trabalhos de cunho geomorfológico que levem em consideração aspectos voltados tanto às teorias relacionadas às Unidades de Paisagem como às diferentes formas de aplicação que a Ciência Geomorfológica pode ter na sociedade atual.

O livro aborda de forma teórica os conceitos de Paisagem e Unidades de Paisagem, que são importantes como embasamento conceitual nos estudos que se propõem a desenvolver trabalhos de caráter aplicado, sem no entanto deixar de considerar as teorias que norteiam esses trabalhos. Dessa forma, destacamos, mais uma vez, o papel do livro *Geomorfologia Ambiental*, que sugere uma série de formas que possam contribuir na resolução de questões relacionadas aos conflitos ambientais com que as sociedades se deparam. Ou seja, ao que se aspira atualmente é a união dos conceitos e teorias desenvolvidos no mundo acadêmico com as questões do cotidiano, onde a Geomorfologia atende, de forma integradora, à relação entre os aspectos naturais e as atividades desenvolvidas pela sociedade.

Geomorfologia Ambiental se propõe a ser um instrumento de grande valia para aqueles pesquisadores, professores, alunos de pós-graduação e graduação, de cursos de Geografia, Geologia, Ecologia, Biologia, Engenharias Civil, Agronômica, Florestal e Ambiental, Arquitetura e outras ciências afins. O livro pode também ser utilizado por técnicos de prefeituras, órgãos federais, estaduais e municipais, membros de ONGs, bem como todos aqueles interessados na questão ambiental, levando em conta a compreensão de uma série de temas que podem ser explicados pela Geomorfologia, auxiliando no planejamento, através da adoção de metodologias relacionadas à aplicação de estudos voltados à identificação de Unidades de Paisagem.

Os autores

PREFÁCIO

O livro *Geomorfologia Ambiental*, de Antonio José Teixeira Guerra e Mônica dos Santos Marçal, lança reflexões de ordem prática e teórica no tratamento da questão ambiental, sendo estimulante e de interesse para alunos de graduação, pós-graduação e interessados em geral, pois permite um diálogo profícuo com outros saberes epistêmicos e outros campos disciplinares.

O seu conteúdo desenvolve-se a partir de uma introdução concisa, seguida por quatro capítulos, que integram textos e ilustrações. Os capítulos tratam desde questões teórico-metodológicas até a aplicação da geomorfologia ambiental, em um amplo espectro de análises que envolvem questões relacionadas ao planejamento territorial.

Inicialmente, a preocupação dos autores dá-se com a fundamentação conceitual e o seu desenvolvimento histórico. Esta preocupação permanece no trato dos conceitos geomorfológicos e na análise de como se integram e evoluem historicamente, resultando em múltiplas possibilidades na análise geográfica, como, por exemplo, nas temáticas urbana e rural, na exploração dos recursos naturais, no aproveitamento dos recursos hídricos e na produção da energia hidrelétrica.

A preocupação inicial dos autores, portanto, é demonstrar a dinâmica e a objetivação dos conceitos geomorfológicos nos temas acima mencionados e apontar como cresce sua importância no período atual, quando a dinâmica da globalização impõe ao atual momento histórico sua força, levando a uma maior complexidade da abordagem geográfica sobre a questão ambiental e a problemática inerente ao tratamento prático da mesma, o que envolve, necessariamente, problematizar as questões relativas à organização socioespacial.

Esta problemática é ao mesmo tempo um desafio para a Ciência e para a Sociedade e é também a catalisadora das reflexões, permitindo a construção de novas abordagens, novas proposições teóricas e de práticas sociais com novas mediações, em relação à instrumentalização das decisões técnicas e políticas para a resolução ou atenuação dos principais problemas ambientais. É neste contexto que se reforçam a importância do livro, ou seja, refletir e propor temas, abordagens e práticas, e a possibilidade de construção de uma nova cognição sobre a temática ambiental a partir da Geografia e, em particular, da Geomorfologia.

Dessa constatação emerge o eixo estruturador do livro, no qual a problemática ambiental é mediada e determinada por relações sociais e políticas que imprimem padrões de desenvolvimento, de organização socioespacial e de relações entre a sociedade e a natureza. É uma abordagem que exige uma concepção de totalidade e necessariamente de integração, da Geografia com saberes afins, em um diálogo constante e positivo com outras ciências, com seus saberes parcelados mas afeitos à Ciência e à Sociedade.

Assim, a questão ambiental é mais do que uma concepção de abordagem técnica sobre o ambiente, é uma questão de postura filosófica, epistemológica e ética sobre a relação da sociedade com a natureza.

Sensíveis a este posicionamento que interfere na requalificação da geomorfologia, agora adjetivada como ambiental, é que os autores procuram fundamentá-la em uma concepção de paisagem enquanto totalidade e ao mesmo tempo mediadora e produto da relação sociedade-natureza. Na melhor tradição de Goethe-Schelling-Humboldt, a forma de relevo emerge como veículo material de integração da geoesfera, agora socialmente qualificada e ressignificada, permitindo um amplo diálogo da ciência geográfica com os demais campos disciplinares.

A leitura do livro é extremamente estimulante e permite a abertura de uma série de questões relativas à contribuição da análise geográfica para a sociedade contemporânea, chamando a atenção, especificamente, para o papel e a importância, do relevo como patrimônio social no processo de organização do espaço geográfico. É, sem dúvida, uma obra oportuna e bem-vinda.

Prof. Dr. Antonio Carlos Vitte
Departamento de Geografia
Campinas, Unicamp, setembro de 2005

AUTORES

Antonio José Teixeira Guerra é geógrafo, doutor em Geografia pela Universidade de Londres (Inglaterra), pós-doutorado em Erosão dos Solos pela Universidade de Oxford (Inglaterra), pesquisador 1A do CNPq e professor-adjunto do Departamento de Geografia da UFRJ.
(antoniotguerra@gmail.com)

Mônica dos Santos Marçal é geóloga, doutora em Geografia pela Universidade Federal do Rio de Janeiro e professora-adjunta do Departamento de Geografia da UFRJ.
(monicamarcal@gmail.com)

CAPÍTULO 1

INTRODUÇÃO

A expansão das áreas urbanas, as atividades de construção de obras civis, a expansão das atividades agrícolas e pastoris, entre outras atividades desenvolvidas pelas sociedades ao longo dos séculos, no Brasil e no mundo, vêm alcançando estágios de desenvolvimento, eficiência e domínio tecnológico que, na maioria das vezes, não vêm acompanhados do processo de organização e planejamento, necessários para a sustentabilidade da natureza. Reflexo disso é a crescente preocupação da comunidade científica, de órgãos governamentais e de organizações não governamentais com a evolução da ocupação dos espaços pela sociedade, que se vem acentuando sobremaneira, servindo para ressaltar a importância do planejamento ambiental, despertando cada vez mais a necessidade do conhecimento do meio físico nos diagnósticos socioambientais.

O aumento dos problemas ambientais e das transformações globais nestes últimos séculos tem sido marcante. A crescente preocupação de estudos relacionados às análises ambientais, particularmente no que se refere às intervenções da sociedade na natureza, é ponto discutido não apenas no campo das geociências. Percebemos, nas ciências em geral, um excesso de especialização que procura se adequar aos trabalhos de ordem tão vasta e genérica. Talvez com um pouco de atraso, pois as questões globais e os problemas ambientais multifacetados já estão postos há vários anos, percebemos que o ambiente não é um simples somatório de fatores que, analisados individualmente, nos levaria à sua compreensão total. O que existe é uma combinação infinita e aleatória destes fatores que torna a estrutura, o estudo e o encaminhamento de soluções tarefas para uma abordagem não mais multidisciplinar, mas, sim, transdisciplinar. Esse é o grande desafio colocado para as instituições acadêmicas, em particular.

Atualmente, a complexidade ambiental em que vivemos nos conduz, na maioria das vezes, a trabalhar com ou a partir dos processos de degradação já em desenvolvimento, levando-nos a desafios ainda maiores para buscar soluções que apontem mecanismos que relacionem as possíveis causas e, ao mesmo tempo, entender os processos que levam a acentuar os problemas ambientais. Neste cenário, torna-se também relevante a busca de adequar metodologias e ferramentas para trabalhar o planejamento de unidades ambientais que apontem perspectivas mais coerentes e duradouras para a proteção, preservação e conservação das diversidades de paisagem e unidades de paisagem, sobre a superfície terrestre.

A paisagem é a natureza integrada e deve ser compreendida como síntese dos aspectos físicos e sociais, sendo importante seu conhecimento, no sentido de serem desenvolvidas pesquisas aplicadas que possam levar a metodologias que colaborem com o manejo adequado e sustentável dos recursos naturais, relevantes para as sociedades como um todo. Os estudos sobre a paisagem também ganham importância, na medida em que o conhecimento sobre a natureza vem sendo compreendido como a resultante das interações de diversos fatores sociais, econômicos e ambientais que interagem de forma dinâmica, aleatória e em diferentes escalas, espaciais e temporais, e conduzem a metodologias que apontem para um melhor conhecimento das interações e processos que ocorrem na natureza, ajudando de forma mais eficiente a sustentabilidade e/ou preservação das paisagens.

A possibilidade do dimensionamento, identificação e delimitação das unidades de paisagem, com suas respectivas intervenções sofridas ao longo dos anos pela sociedade, pode constituir-se em uma importante e eficiente metodologia aplicada aos estudos de planejamento ambiental. Sua utilização permite a aplicação de métodos e técnicas, necessários à análise da natureza, proporcionando sua classificação, diagnóstico e prognóstico, importantes aos trabalhos de preservação ambiental.

Nesse sentido, o conhecimento geomorfológico tem sido cada vez mais relevante no que diz respeito aos aspectos relacionados à questão ambiental, particularmente em trabalhos que se relacionam à elaboração

INTRODUÇÃO   15

de relatórios, diagnósticos e inventários que levam à contribuição para o planejamento das paisagens. Atualmente, a Geomorfologia coloca-se como uma ciência que integra aspectos que envolvem conhecimentos das atividades sociais e ambientais, que são fundamentais aos estudos e pesquisas voltados às ações de caráter aplicativo.

A Geomorfologia está cada vez mais empenhada com a questão ambiental e desenvolve-se a partir de uma demanda crescente da sociedade, com relação à necessidade de se buscarem conhecimentos que apontem na direção das inúmeras possibilidades de soluções ou amenizações que os impactos ambientais exercem, tanto em áreas urbanas como rurais.

Geomorfologia Ambiental tem como tema integrar as questões sociais às análises da natureza e deve incorporar, em suas observações e análises, as relações políticas e econômicas que são fundamentais na determinação dos processos e nas possíveis mudanças que possam vir a acontecer. Nesse sentido, o estado da arte sobre o conhecimento dos conceitos, temas e aplicações que o livro apresenta pode ser de grande relevância aos estudos que envolvam trabalhos aplicados, considerando o pequeno número de trabalhos publicados no Brasil acerca dessa temática.

Geomorfologia Ambiental procura abordar as temáticas que se relacionam às questões urbana, rural e ao planejamento, destacando diversas aplicações do conhecimento geomorfológico nas áreas do turismo, recursos minerais, recursos hídricos, energia hidrelétrica, saneamento básico, Unidades de Conservação, áreas costeiras, EIAs-RIMAs, diagnóstico de áreas degradadas, movimentos de massa, erosão dos solos, linhas de transmissão de energia e recuperação de áreas degradadas. Certamente, as aplicações não se encerram nesse universo apresentado e discutido aqui; pelo contrário, pretende-se contribuir no sentido de se verticalizarem e abrirem novas perspectivas de aplicações, tão relevantes e necessárias à realidade ambiental em que vivemos.

Ressalta-se, aqui, que o conhecimento dos aspectos teóricos que envolvem o conceito de paisagem e unidades de paisagem é fundamental para que possam ser estabelecidas propostas de trabalhos, no âmbito da Geomorfologia Ambiental, coerentes e eficazes no que diz respeito a metodologias de planejamento ambiental, em escalas local, regional ou nacional. Nesse sentido, a Geomorfologia, através de sua abordagem ambiental, pode ser privilegiada, tendo em vista possuir metodologias e ferramentas de grande importância para as pesquisas ambientais que podem definir e espacializar as interações entre os diferentes componentes do meio natural. As diversas formas do relevo apresentam inter-relação direta com a geologia, solos e hidrografia da área de interesse, podendo-se expressar, através dos mapeamentos geomorfológicos, o necessário conhecimento do meio físico nos trabalhos que abordem a realização e integração com informações sociais e econômicas.

Os autores deste livro não pretendem encerrar a discussão sobre o tema aqui apresentado; pelo contrário, esperamos que novos conceitos e aplicações, bem como novas teorias, métodos e técnicas surjam e/ou sejam aperfeiçoados no que diz respeito às paisagens, unidades de paisagem e ao mapeamento geomorfológico. É a partir dessas concepções que acreditamos que Geomorfologia Ambiental possa ser útil na proteção, conservação e preservação do meio ambiente e que as sociedades só tenham a ganhar com isso.

CAPÍTULO 2

GEOMORFOLOGIA AMBIENTAL — CONCEITOS, TEMAS E APLICAÇÕES

1. INTRODUÇÃO

Diversos são os livros que abordam a Geomorfologia, no Brasil e no mundo, sob os seus mais variados aspectos, levando em conta características relativas às encostas, canais fluviais, áreas costeiras, processos cársticos, glaciais, desérticos etc. (Cooke e Doornkamp, 1977 e 1990; Coates, 1981; Cooke *et al.*, 1985; Hart, 1986; Hooke, 1988; Goudie, 1990 e 1995; Selby, 1990 e 1993; Gerrard, 1992; Goudie e Viles, 1997; Botelho, 1999; Guerra *et al.*, 1999; Cunha e Guerra, 2003; Guerra e Cunha, 2003 e 2004; Fullen e Catt, 2004; Guerra e Mendonça, 2004; Vitte, 2004).

A Geomorfologia é o estudo das formas de relevo, levando-se em conta a sua natureza, origem, desenvolvimento de processos e a composição dos materiais envolvidos. Todos esses aspectos fazem parte do corpo teórico-conceitual e aplicado de centenas de artigos, livros, relatórios, monografias, dissertações e teses, exaustivamente abordados nessas publicações espalhadas pelo mundo. Apesar de a Geomorfologia Ambiental estar cada vez mais sendo aplicada ao diagnóstico e prognóstico de danos ao meio ambiente, ao melhor aproveitamento dos recursos naturais, à elaboração de EIAs-RIMAs, enfim, à melhoria da qualidade de vida da população, ainda existem poucos trabalhos publicados em português abordando esse ramo de conhecimento.

Nesse sentido, este capítulo aborda a Geomorfologia Ambiental, considerando-se os conceitos, temas e aplicações que ela já tem no presente e pode ainda ter no futuro, em especial dado o pequeno número de trabalhos publicados no Brasil, levando em conta essa temática. Para tal, uma série de exemplos e ilustrações será aqui apresentada, para que o leitor possa não só compreender os aspectos teórico-conceituais da Geomorfologia Ambiental, mas também com exemplos relacioná-los com problemas na sua área de atuação.

As relações entre a Geomorfologia e as várias formas de ocupação, tanto em áreas rurais como urbanas, são cada vez mais reconhecidas nas literatura nacional e internacional, sendo, dessa forma, também enfocadas no presente capítulo (Cooke e Doornkamp, 1977; Abrahams, 1986; Morgan, 1986 e 2005; Hooke, 1988; Goudie, 1990; Botelho, 1999; Cunha, 2003; Guerra, 2005; Fullen e Catt, 2004; Guerra e Mendonça, 2004; Lima-e-Silva, *et al.*, 2004; Guerra e Mendonça, 2004; Marçal e Guerra, 2004).

Grande parte das catástrofes causadas ao meio ambiente poderia ser evitada ou pelo menos ter os seus efeitos minimizados, reduzindo bastante o número de vítimas humanas fatais, bem como o número de danos aos bens materiais, recursos hídricos, flora e fauna, caso a Geomorfologia Ambiental fosse compreendida e adotada como um importante instrumento no planejamento.

Dessa forma, uma série de tópicos foi aqui selecionada, para que a Geomorfologia Ambiental possa dar a sua contribuição efetiva em diversos campos de conhecimento, bem como na ocupação de novas áreas nos meios urbano e rural e, em especial, no planejamento adequado, para que não continuem a ocorrer os danos ambientais e as catástrofes que assolam o país quase todos os anos. Desse modo, este capítulo se inicia com essa discussão introdutória, passando logo a seguir ao entendimento do histórico e aos conceitos do tema em questão. A partir daí, três temas são abordados: Geomorfologia Urbana, Geomorfologia das Áreas Rurais e Geomorfologia e Planejamento. Os itens deste capítulo destacam uma série de aplicações da Geomorfologia: turismo; recursos minerais; recursos hídricos; energia hidrelétrica; saneamento básico; Unidades de Conservação; áreas costeiras; EIAs-RIMAs; diagnóstico de áreas degradadas; movimentos de massa; erosão dos solos; linhas de transmissão de energia; recuperação de áreas degradadas. É claro que existem vários outros exemplos de aplicações da Geomorfologia, mas a nossa intenção aqui não é esgotar o tema, mas apenas iniciar uma discussão, que pode ser expandida a partir deste livro. Finalmente, o item relacionado às Conclusões e uma ampla Bibliografia nacional e internacional são também apresentados aos leitores que quiserem se aprofundar no tema em questão.

2. CONCEITOS

Esse item procura abordar alguns conceitos sobre a Geomorfologia, bem como sua evolução ao longo do tempo e de que forma, atualmente, a Geomorfologia Ambiental vem ganhando força no mundo e também no Brasil. Apesar de a sua importância ser admitida por vários autores (Cooke e Doornkamp, 1977 e 1990; Abrahams, 1986; Morgan, 1986 e 2005; Hooke, 1988; Goudie, 1990; Goudie e Viles, 1997; Fullen e Catt, 2004; Lima-e-Silva, *et al*, 2004; Marçal e Guerra, 2004), ainda existem poucos trabalhos no Brasil que procuram abordar essa temática, sob o ponto de vista teórico-conceitual e também com possíveis aplicações.

Apesar de a Geomorfologia Ambiental vir se destacando como um ramo importante dentro da Geomorfologia, muitos dos trabalhos que abordam essa área de conhecimento aplicado ainda estão contidos dentro de obras cujo título refere-se à Geologia. Como exemplo podemos citar o livro *Environmental Geology* (Coates, 1981), Geologia Urbana para Todos (Carvalho, 2001) e Geologia Sedimentar (Suguio, 2003). Nos três casos, a expressão *Geologia Ambiental,* que aparece em diversas partes desses livros, poderia ser muito bem *Geomorfologia Ambiental.* Nesse sentido, esse item aborda primeiro um histórico dessa área de conhecimento aplicado e depois alguns conceitos que podem ser úteis na melhor compreensão da Geomorfologia Ambiental, bem como no seu emprego às várias abordagens aqui apresentadas.

2.1. HISTÓRICO

Segundo Hart (1986), as origens da Geomorfologia não são bem conhecidas. O termo foi desenvolvido por geólogos, provavelmente McGee e Powell, nos Estados Unidos, na década de 1880. Dessa forma, antes da era pré-davisiana não havia uma ciência chamada Geomorfologia.

Mesmo assim, já existiam alguns trabalhos em Geologia e nas Ciências Naturais, que hoje podemos reconhecer como sendo os primórdios do pensamento geomorfológico, que são muito bem descritos por Chorley *et al.* (1964).

Dessa forma, este breve histórico não pretende esgotar o tema, nem tampouco se propõe a detalhar conceitos geomorfológicos, mas apenas abordar a evolução do pensamento geomorfológico, que hoje possibilita o detalhamento teórico-conceitual e aplicado desse ramo do saber. Durante o final do século XIX e início do século XX, os pesquisadores se preocuparam em compreender a seqüência de eventos que levaram à formação de diferentes paisagens. Isso está bem claro no trabalho de W. M. Davis (1890-1930), que sintetizou a Geomorfologia em um assunto reconhecido por aqueles que estudavam o relevo terrestre, usando pela primeira vez o conceito de ciclo de erosão (Hart, 1986; Hooke, 1988; Goudie e Viles, 1997; Marques, 2005).

O modelo teórico de Davis, apesar de receber muitas críticas, por ser concebido para áreas de clima temperado, pela necessidade de um rápido soerguimento do relevo, seguido por um longo período de estabilidade tectônica, deu um grande impulso à Geomorfologia, na sua época. A propósito disso, Marques (2005) destaca que o ciclo geográfico idealizado por Davis "constitui o primeiro conjunto de concepções que podia descrever e explicar, de modo coerente, a gênese e a seqüência evolutiva das formas de relevo existentes na superfície terrestre". Marques (2005) observa também que, para Davis, "o ciclo iniciava-se com um rápido soerguimento, pela ação das forças internas, de superfícies aplainadas, que se elevariam, criando desnivelamentos em relação ao nível do mar. A ação da água corrente, a erosão normal, atuando sobre o relevo inicial, produziria sua dissecação e, conseqüentemente, a redução de sua topografia, até criar uma nova superfície aplainada (peneplano)". Dando continuidade a um breve relato da Teoria Davisiana, "novo soerguimento daria lugar a um novo ciclo erosivo. Do instante inicial ao final, formas típicas seriam modeladas, caracterizando sucessivos momentos evolutivos, como na vida orgânica, passando o relevo pelas fases de juventude, maturidade e senilidade" (Marques, 2005).

Hart (1986) observa que Davis teve um papel importante, porque além de ter refinado e melhorado um pouco a sua teoria entusiasmou outros pesquisadores a darem continuidade e se aprofundarem nos estudos

CONCEITOS, TEMAS E APLICAÇÕES

geomorfológicos, sugerindo que existia um ciclo cronológico de denudação. Essas idéias se desenvolveram entre 1930 e 1960, em países como Inglaterra, França e Alemanha. Isso levou à criação de dois ramos da Geomorfologia: Climática e Estrutural. Hart (1986) destaca ainda que a evolução de conceitos, teorias, abordagens, metodologias na Ciência Geomorfológica tem levado à criação de vários ramos dentro dessa área de conhecimento, mas que duas grandes subdivisões podem ser feitas: Geomorfologia pura e aplicada.

Nesse sentido, Marques (2005) observa que "a análise de todo o complexo conjunto de processos e formas na perspectiva sistêmica e a inserção de noções pertinentes a conceitos probabilísticos remeteram as concepções geomorfológicas a outro patamar. A paisagem geomorfológica e sua evolução dependem de diversos fatores, representados em diferentes escalas de espaço e tempo. Desse modo, a existência de vários fatores influenciando a realização de um ou mais processos tenderia a gerar uma multiplicidade de resultados, sendo alguns mais previsíveis do que outros, quando, por exemplo, fosse detectada a presença de um elemento de controle". Isso só foi possível a partir das centenas de estudos e trabalhos publicados no Brasil e no exterior, que incluem artigos e livros-textos, contemplados pela Ciência Geomorfológica, que, segundo o que propõe Hart (1986), compreendem a chamada Geomorfologia Pura. A Geomorfologia Ambiental, que é o tema deste livro e deste capítulo também, surge a partir do reconhecimento do papel da ação do homem nos processos geomorfológicos e na evolução das formas de relevo, ou seja, o homem agindo como um agente geomorfológico. Como destaca Hart (1986), na medida em que o homem usa uma porção da superfície terrestre, ele tem que conhecer as formas de relevo, solos, rochas, recursos hídricos etc. Além disso, esse conhecimento pode possibilitar um melhor aproveitamento dos recursos existentes, bem como evitar que catástrofes venham a ocorrer na área ocupada.

Dessa forma, a Geomorfologia Ambiental pode também contribuir para solucionar uma série de problemas relacionados ao meio físico com que as sociedades se deparam atualmente. Para isso é preciso conhecer muito bem o que Hart (1986) aponta como sendo a Geomorfologia Pura, bem como incluir nessa abordagem conhecimentos relativos ao manejo ambiental, avaliação de recursos naturais, técnicas geomorfológicas de mapeamento, avaliação de paisagens etc.

Como destaca Vitte (2004), "o que se observa nos últimos anos é uma enorme mitificação, seja por parte dos geógrafos ou dos historiadores da ciência, sobre o desenvolvimento da Geomorfologia e da Geologia". O referido autor aponta ainda que "talvez seja essa a mitificação produzida por problemas decorrentes da maneira como os conteúdos da Geomorfologia são abordados nos cursos de Geografia ou, por outro lado, devido a uma intensa especialização de alguns campos da Geografia. O fato é que há um desconhecimento sobre as matrizes e determinações que orientaram a produção da Geomorfologia, ao mesmo tempo em que há uma necessidade premente de que se desenvolvam linhas de pesquisa que dêem conta desse conteúdo". Nesse sentido, este livro procura abordar uma linha de pesquisa que vem ganhando corpo dentro da Geomorfologia, através de uma série de questões teóricas, conceituais e aplicadas, aqui apontadas e discutidas pelos seus autores.

2.2. CONCEITOS

Apesar de o emprego da Geomorfologia Ambiental ser uma área de conhecimento mais ou menos recente, sua utilização já data de algum tempo, na maioria das vezes sem o uso formal da expressão *Geomorfologia Ambiental* (Cooke e Dornkamp, 1977 e 1990; Hart, 1986; Hooke, 1988; Goudie e Viles, 1997; Marques, 2003; Fullen e Catt, 2004). Além disso, alguns autores utilizam a expressão Geologia Ambiental, mas o seu conteúdo refere-se, de certa forma, à Geomorfologia Ambiental (Coates, 1981; Carvalho, 2001; Suguio, 2003).

Por exemplo, no livro *Environmental Geology*, Coates (1981) destaca as várias formas de como a Geologia se relaciona com as atividades humanas, mas ao mesmo tempo o referido autor enfatiza os aspectos referentes à Geomorfologia, analisados pelo geólogo, ou seja, o estudo das formas de relevo e os processos associados, que podem determinar o tipo e a taxa de mudanças estimados pelas alterações causadas na superfície terrestre pela intervenção humana. Destaca-se ainda que a Geologia Ambiental é um resumo de diversas subdisciplinas geológicas, incluindo-se aí a Geomorfologia. Coates (1981) aborda ainda a idéia de que o objeto da Geologia Ambiental é tão amplo que engloba não apenas subitens relacionados à

Geologia, mas também temas de interesse de outros campos de conhecimento: Biologia e Ciências Sociais. Dessa forma, há que considerar também campos relacionados à Engenharia, Geografia, Geomorfologia, Ecologia, Arquitetura e Ciência do Solo. Tudo isso, citado pelo referido autor, é amplamente discutido e analisado pela Geomorfologia Ambiental, conforme entendemos, através dos relacionamentos com os aspectos ligados à atuação do homem na superfície terrestre envolvendo materiais rochosos, sedimentos, processos geomorfológicos (catastróficos ou não), esculturação de formas de relevo, levando-se em conta diferentes escalas temporais e espaciais.

Ao procurar conceituar e entender a Geomorfologia Ambiental há que levar em conta aspectos relacionados à exploração de recursos naturais, mudanças físicas nos ecossistemas terrestres e aquáticos, quando da intervenção humana, ou de ordem natural, diagnóstico dos danos ambientais causados pela ação do homem, bem como prognósticos da ocorrência de catástrofes, em virtude da ocupação desordenada do meio físico, que podem afetar a saúde humana e a dos ecossistemas. Nessa abordagem conceitual está também implícita a contribuição que a Geomorfologia Ambiental pode dar na utilização racional da água, bem como na produção de energia elétrica, temas que tanto têm preocupado os políticos, cientistas, consumidores e o povo, de uma forma geral, no século XXI. Conseqüentemente, a conservação dos recursos naturais, como um todo, e o conhecimento geomorfológico utilizado para esse fim, bem como para a recuperação das áreas degradadas, são outros temas que dão consistência, coesão e tornam altamente significativa a Geomorfologia Ambiental, como um ramo de conhecimento, para a sociedade.

Lima-e-Silva *et al.* (2002) e Guerra e Guerra (2003) resumem toda essa discussão que vem sendo aqui colocada neste subitem, bem como neste capítulo, conceituando Geomorfologia Ambiental como sendo a aplicação dos conhecimentos geomorfológicos ao planejamento e ao manejo ambiental. Ela inclui o levantamento dos recursos naturais, a análise do terreno, a avaliação das formas de relevo, a determinação das propriedades químicas e físicas dos materiais, o monitoramento dos processos geomorfológicos (**Figuras 1 e 2**), as análises de laboratório, o diagnóstico ambiental e a elaboração dos mapas de riscos. Os referidos autores destacam ainda que a Geomorfologia Ambiental tem crescido muito nos últi-

Figura 1 — Estação experimental no município de Petrópolis (Rio de Janeiro) para monitorar erosão dos solos.
Foto A.J.T. Guerra.

mos anos, devido à necessidade de se ocuparem novas áreas na superfície terrestre, onde o planejamento ambiental torna-se indispensável, para que sejam evitadas catástrofes. Dessa forma, a Geomorfologia Ambiental procura entender a superfície terrestre, levando em conta uma abordagem integradora, onde o ambiente (natural e transformado pelo homem) seja o ponto de partida, bem como o objeto desse ramo de conhecimento.

No livro *Geologia urbana para todos — Uma visão de Belo Horizonte*, Carvalho (2001) mostra claramente as várias formas de como a Geomorfologia Ambiental (apesar de o autor não ter utilizado essa expressão no livro) pode ser utilizada de diversas maneiras para resolver problemas urbanos, bem como para prevenir contra a ocorrência de danos ambientais em áreas de crescimento, muitas vezes desordenado. Ou seja, o conceito de Geomorfologia Ambiental está presente em várias partes do livro, na medida em que a ciência geomorfológica é abordada pelo autor, em quase todos os capítulos, mesmo que de forma implícita, levando em conta seu aspecto ambiental, que é aqui discutido.

Suguio (2003) emprega também a expressão Geologia Ambiental, em muitas partes do seu mais recente livro (*Geologia Sedimentar*), com a conotação de *Geomorfologia Ambiental*. Por exemplo, quando o referido autor aborda alguns conceitos básicos sobre Geologia Ambiental, ele destaca itens que se referem aos riscos naturais, processos hidrológicos, planejamento do espaço físico e análise de impacto ambiental, que têm sido feitos com muita clareza por autores que trabalham sob o prisma da Geomorfologia Ambiental, que deve se preocupar com a intervenção humana sobre o ambiente físico. Suguio (2003) destaca ainda que "o homem aumenta, a cada dia que passa, o seu papel como agente geológico muito ativo, causando a devastação de florestas em enormes áreas, como está atualmente em curso na Amazônia, acelerando os processos de modificação do relevo (ou fisiografia) da superfície terrestre". Na realidade, podemos considerar essa observação de Suguio como sendo típica de estudos que vêm sendo desenvolvidos também no âmbito da Geomorfologia Ambiental. Ou seja, o que pretendemos com esse capítulo é mostrar que, apesar de ainda ser pouco explorada, de forma acadêmica e aplicada, através de livros, teses de doutorado, dissertações de mestrado, artigos em revistas científicas, monografias etc., a Geomorfologia Ambiental já existe há algum tempo, no Brasil e no mundo, mas ainda precisa ser mais bem divulgada, discutida e debatida a sua base teórico-conceitual, metodológica e aplicada, para que cada vez mais pesquisadores, professores, técnicos, consultores e estudantes passem a empregá-la em seus trabalhos, pesquisas e projetos.

Figura 2 — Coleta de solo erodido na calha de uma estação experimental, usada para o monitoramento de processos erosivos. Foto A.J.T. Guerra.

3. TEMAS

Neste item são discutidos alguns dos principais temas que a Geomorfologia tem abordado nos seus estudos, há algum tempo, tendo sido de grande significado na compreensão dos processos geomorfológicos, como também no desenvolvimento desse ramo de conhecimento. Cooke e Doornkamp (1977 e 1990) destacam que a necessidade de compreender os processos geomorfológicos tem sido amplamente demonstrada em situações que envolvem enchentes, deslizamentos, erosão dos solos pela água e pelo vento, erosão costeira e deposição, bem como o intemperismo das rochas (**Figura 3**) utilizadas como material de construção civil. Os referidos autores apontam também que os geomorfólogos têm, cada vez mais, percebido o valor do seu trabalho na solução desses problemas e, nesse sentido, têm dado a sua contribuição através da abordagem de uma série de temas.

Figura 3 — Rocha intemperizada no município de Petrópolis (Rio de Janeiro).
Foto A.J.T. Guerra.

Neste capítulo são, dessa forma, discutidas questões relacionadas à Geomorfologia Urbana, já que grande parte dos problemas enfrentados pela sociedade, no mundo de hoje, refere-se a catástrofes ocorridas nas cidades, em função da ocupação desordenada das encostas (**Figura 4**), bem como de terrenos localizados muito próximo aos rios (**Figura 5**). Nas áreas rurais, a expansão das atividades agrícolas e pastoris, precedida, muitas vezes, de desmatamento, sem a adoção de práticas conservacionistas, também tem levado a uma série de danos ambientais, sendo, portanto, mais um tema de relevância para a Geomorfologia. Por fim, Christofoletti (2005) destaca que a Geomorfologia tem sido tema de interesse também em diversos projetos de planejamento, abrangendo uma gama variada de atividades. O referido autor aponta, ainda, que "podem-se distinguir as categorias de planejamento estratégico e operacional, e usar outros critérios de grandeza espacial (planejamentos local, regional, nacional, etc.), ou de setores de atividades (planejamentos urbano, rural, ambiental econômico etc.)". Daí a importância de serem abordados todos esses temas neste item.

Figura 4 — Um bom exemplo de ocupação desordenada, numa encosta íngreme, no município de Petrópolis (Rio de Janeiro).
Foto A.J.T. Guerra.

Figura 5 — Casa construída na margem de um rio na cidade do Crato (Ceará). Devido à erosão fluvial, esta casa foi condenada pela Defesa Civil e, conseqüentemente, desocupada.
Foto A.J.T. Guerra.

3.1. GEOMORFOLOGIA URBANA

Os processos de urbanização e industrialização têm tido um papel fundamental nos danos ambientais ocorridos nas cidades. O rápido crescimento causa uma pressão significativa sobre o meio físico urbano, tendo as conseqüências mais variadas, tais como: poluição atmosférica, do solo e das águas, deslizamentos (**Figura 6**), enchentes etc. Segundo Goudie e Viles (1997), desde o final do século XVII têm sido observadas as transformações culturais e tecnológicas através do desenvolvimento das indústrias. A Revolução Industrial, assim como a Revolução Agrícola, reduziu o espaço necessário para sustentar a população e, conseqüentemente, aumentou a utilização de recursos naturais para manter tanto as indústrias que se multiplicavam como a população crescente das cidades. Tudo isso trouxe, quase sempre, conseqüências danosas ao meio físico urbano.

Figura 6 — Cicatriz de deslizamento ocorrido na cidade de Petrópolis (Rio de Janeiro), em 24/12/2001. Nesse dia morreram 50 pessoas, em virtude desses deslizamentos e enchentes. Foto A.J.T. Guerra.

Goudie e Viles (1997) destacam também o papel dos avanços da Medicina moderna, levando ao rápido crescimento da população, mesmo nas sociedades não industriais. A urbanização cresceu de forma acelerada, e hoje em dia reconhece-se que as grandes cidades têm seus problemas ambientais específicos, produzindo uma gama variada de efeitos ambientais adversos.

O crescimento rápido e desordenado que tem ocorrido em muitas cidades, em especial nos países em desenvolvimento, é o grande responsável pelas transformações ambientais, descaracterizando, muitas vezes, o meio físico original, antes de haver a ocupação humana. A Geomorfologia Urbana procura compreender em que medida essas transformações do meio ambiente, causadas pelo homem, podem ser responsáveis pela aceleração de certos processos geomorfológicos. A propósito disso, Goudie e Viles (1997) dão um exemplo das bacias hidrográficas que são ocupadas por cidades. À medida que as árvores são cortadas, ruas são asfaltadas, casas e prédios são construídos, encostas são impermeabilizadas, rios são canalizados e retificados, ocorre toda uma série de respostas geomorfológicas, bem típicas das cidades grandes: movimentos de massa e enchentes, que acontecem com freqüência, muitas vezes não sendo necessários totais pluviométricos elevados para que esses processos ocorram.

Como destacam Goudie e Viles (1997), a Geomorfologia Urbana procura compreender a relação existente entre a combinação dos fatores do meio físico (chuvas, solos, encostas, rede de drenagem, cobertura vegetal etc.) e os impactos provocados pela ocupação humana, que induzem e/ou causam a detonação e aceleração dos processos geomorfológicos (**Figura** 7), muitas vezes assumindo um caráter catastrófico.

Fullen e Catt (2004) apontam que, no caso europeu, onde a urbanização teve, no século XIX, um rápido avanço, muitos solos férteis foram esterilizados, como afirmam os referidos autores, e que, ainda no presente, 120ha de solos, por dia, têm sido convertidos para o uso urbano, na Alemanha, 35ha, na Áustria e Holanda, e 10ha, na Suíça. No caso dos países em desenvolvimento, os autores exemplificam o Brasil, onde a ocupa-

Figura 7 — Voçoroca urbana, em um bairro periférico da cidade de Açailândia (Maranhão). A população usa a cicatriz dessa feição erosiva para colocar o lixo, o que piora ainda mais a situação.
Foto A.J.T. Guerra.

ção rápida e desordenada, em especial a das encostas, tem sido responsável pela ocorrência de movimentos de massa catastróficos que têm causado a morte de centenas de pessoas. Essa ocupação acelerada e desordenada demonstra a necessidade do estudo e do avanço da Geomorfologia Urbana, para que a expansão das cidades não continue a provocar os desastres ambientais, tão típicos das cidades dos países em desenvolvimento.

Cooke *et al.* (1985) colocam, de forma bem clara e didática, as várias maneiras pelas quais a Geomorfologia pode contribuir para o desenvolvimento urbano, sem que ocorram danos ambientais significativos que coloquem em risco a vida da população das cidades. Os referidos autores chamam a atenção para a Geomorfologia Urbana, que não pretende substituir o trabalho dos engenheiros e planejadores, mas sim dar a sua contribuição através do conhecimento geomorfológico, a fim de economizar tempo e dinheiro, especialmente se esse conhecimento for utilizado em combinação com informações ambientais relacionadas, proporcionadas pela Geologia de Engenharia e pela Mecânica dos Solos.

Vários outros autores apontam, em seus trabalhos, de forma bem clara, o papel da Geomorfologia Urbana, como uma área do conhecimento que pode dar uma contribuição significativa na redução de danos ambientais nas cidades. A propósito disso, Oliveira e Herrmann (2004) enfatizam a gama variada de impactos ambientais na área conurbada de Florianópolis: "Impermeabilização do solo, principalmente nas áreas sedimentares dos modelados de acumulação fluvial, mais sujeitos às inundações; ocupação das encostas com loteamentos e edificações, aumentando o risco de deslizamentos; redução das áreas de mangue nas planícies de marés, para implantação de loteamentos; invasão das áreas de dunas, com construções clandestinas; canalização e retificação dos canais fluviais, com percurso nas áreas urbanas; invasão das áreas periféricas e intra-urbanas, não edificáveis, com a instalação de favelas; proliferação dos depósitos de lixo em locais não apropriados", entre outros. Tudo isso aumenta o risco da aceleração dos processos geomorfológicos, que causam, em última análise, riscos ao próprio homem.

As transformações que o homem quase sempre impõe ao meio físico das cidades trazem conseqüências negativas para a população que aí vive. Um bom exemplo é descrito por Carvalho (2001): "A remoção das rugosidades naturais ou mesmo antrópicas nas cidades, implica a ampliação, em termos absolutos, dos caudais escoados, para idênticos eventos chuvosos, porque o escoamento mais rápido reduz a taxa de infiltração; esta mesma remoção de rugosidades e a conseqüente velocidade maior do fluxo provocam concentração mais rápida, significando que, para a vazão alcançar um determinado valor crítico, num ponto qualquer de um canal, a necessidade de tempo é menor do que antes da obra".

Esses são apenas alguns exemplos da crescente importância e necessidade de sistematizarmos os conhecimentos gerados pela Geomorfologia Urbana, se, do ponto de vista ambiental, quisermos ter cidades mais seguras com melhor qualidade de vida, no país. As políticas públicas que não levam em conta esses conhecimentos, no planejamento urbano, têm grande chance de não ter sucesso. Com isso, estamos procurando demonstrar que já existe uma Geomorfologia Urbana no país, mas que ainda se faz necessário criarmos um arcabouço teórico-conceitual, metodológico e aplicado, de forma que faça com que os conhecimentos proporcionados por essa área estejam disponíveis a um número cada vez maior de estudantes, pesquisadores, consultores, técnicos das prefeituras, enfim, a todos aqueles interessados na questão urbana do país.

3.2. Geomorfologia das Áreas Rurais

A ciência moderna e os avanços tecnológicos e industriais têm sido aplicados às áreas rurais nas últimas décadas, tendo havido um progresso significativo em um curto espaço de tempo. Os exemplos incluem o uso de fertilizantes e a criação seletiva de espécies vegetais e animais (Goudie e Viles, 1997). A Biotecnologia tem, por sua vez, um grande potencial para provocar mudanças ambientais no meio rural. Essas mudanças começaram há bastante tempo, desde a Revolução Agrícola. Muitos avanços no meio rural aconteceram com rapidez, provocando, ao mesmo tempo, modificações no meio físico terrestre, em algumas áreas. Uma dessas modificações foi proporcionada pela irrigação (Goudie e Viles, 1997), que possibilitou a ocupação de áreas até então com pouco aproveitamento econômico. Segundo ainda Goudie e Viles (1997), a irrigação foi introduzida pela primeira vez no vale do Rio Nilo, no Egito, 5.000 anos atrás. Mais ou menos na mesma época o arado foi usado pela primeira vez, perturbando os solos, como nunca havia acontecido antes. Os animais começaram a ser utilizados para puxar os arados, carregar água e transportar produtos agrícolas. Isso tudo levou a um uso intensivo dos solos, provocando efeitos significativos no meio ambiente, em várias partes do mundo (Goudie e Viles, 1997).

Todo esse uso intensivo do solo, sem a preocupação de adotar técnicas conservacionistas (**Figura 8**), tem levado a sérios problemas de erosão. Segundo Ollier e Pain (1996), os processos erosivos podem se iniciar através da erosão em lençol, pela lavagem do topo do solo. Apesar de muitas vezes não ser percebida pelos fazendeiros, essa feição erosiva tem sérias repercussões porque, além de reduzir a produtividade na agricultura, os materiais erodidos podem ser transportados para rios, lagos e reservatórios, causando o assoreamento e, muitas vezes, a poluição desses corpos líquidos, quando doses elevadas de agrotóxicos são utilizadas. Ollier e Pain (1996) chamam ainda atenção para o caso específico da Ilha de Mindanao, nas Filipinas, onde os fazendeiros plantam no início da estação chuvosa, e as colheitas são feitas no meio da estação seca. Isto significa dizer que os solos estão desprotegidos logo que a plantação é

Figura 8 — Erosão em lençol, em uma plantação de trigo, no município de Rogate, no sul da Inglaterra.
Foto A.J.T. Guerra.

feita, e, conseqüentemente, elevados índices de erosão acontecem a cada ano, reduzindo dramaticamente a espessura e a fertilidade dos solos, bem como aumentando bastante o assoreamento dos rios. Isso demonstra que a erosão dos solos que acontece, principalmente, nas áreas rurais possui os efeitos chamados de *onsite* (no próprio local onde o processo ocorre) e *off-site* (fora do local onde a erosão acontece), podendo provocar prejuízos tanto nas áreas rurais, como nas urbanas.

Nesse sentido, a Geomorfologia das Áreas Rurais deve estar atenta às modificações impostas pela agricultura e pela pecuária, ao relevo, em especial, porque são atividades que necessitam, quase sempre, de grandes extensões de terra, para a sua prática. Na maioria das vezes, o desmatamento de grandes extensões é realizado, antes do início dessas atividades econômicas, e nem sempre práticas conservacionistas são adotadas. Como destaca Hart (1986), a erosão dos solos acontece de forma cada vez mais acelerada, tanto nos países tropicais como nos países de clima temperado, apesar de as taxas serem sempre inferiores nesse segundo grupo de países, devido aos solos menos profundos, bem como às chuvas com características menos torrenciais. O processo se inicia, quase sempre, através do escoamento superficial difuso (erosão em lençol), passando pela concentração dos fluxos (erosão em ravinas) (**Figura 9**), que pode evoluir para um escoamento mais concentrado, chegando a formar voçorocas (**Figura 10**), que são incisões mais profundas no solo, chegando na maioria das vezes a atingir o lençol freático. Ou seja, as atividades praticadas no meio rural (tanto agricultura como pecuária) podem ser as responsáveis diretas por transformações no relevo de uma determinada área, causando não só danos às encostas e planícies, mas também, a partir do transporte dos sedimentos, mudanças na qualidade e quantidade de água dos rios, lagos e reservatórios, tornando-os mais rasos, podendo chegar, inclusive, ao assoreamento total desses corpos líquidos. Ou seja, mais uma vez a Geomorfologia pode dar a sua contribuição, procurando compreender a dinâmica desses processos, através do diagnóstico desses danos ambientais, propondo formas de conter e/ou prevenir a ocorrência de tais processos de erosão acelerada. Uma vez que a área diagnosticada já esteja bastante degradada, a Geomorfologia pode também propor formas de recuperação das áreas atingidas, de maneira a estabelecer uma recuperação mais duradoura, a custos compatíveis com os recursos financeiros disponíveis nessas

Figura 9 — Ravinas formadas numa área agrícola, em Rogate, sul da Inglaterra. Foto A.J.T. Guerra.

áreas e que sejam ecologicamente corretas. Não há necessidade, na maioria das vezes, de grandes investimentos em obras de engenharia tradicional, cujos custos quase sempre são bem mais elevados e fora do alcance da sociedade, em especial quando se trata de países tropicais.

Morgan (2005) destaca que a erosão dos solos em áreas agrícolas foi, por muito tempo, associada aos países tropicais e semi-áridos, fazendo com que houvesse a diminuição da produtividade e afetando o desenvolvimento sustentável dessas regiões. No entanto, como aponta Morgan (2005), os processos erosivos acelerados têm ocorrido em países de clima temperado e frio, quer sejam eles desenvolvidos ou em desenvolvimento, pois o que varia é a escala da ocorrência desses processos. O autor alerta também que a erosão dos solos tem ocorrido também em áreas florestais, margem das rodovias e ferrovias, bem como em locais destinados à recreação. Ou seja, os conhecimentos geomorfológicos podem ser colocados à disposição da sociedade para minimizar e mitigar tais processos de erosão acelerada, onde quase sempre o homem tem um papel ativo na degradação dos solos.

Figura 10 — Voçoroca desenvolvida no município de Uberlândia (Minas Gerais), em terras utilizadas para a pecuária.
Foto A.J.T. Guerra.

O relevo de uma determinada área, bem como os solos aí existentes, podem, a médio e longo prazos, sofrer grandes transformações se não forem tomadas medidas conservacionistas no meio rural. Isso já aconteceu no passado, nos países europeus, por ocasião da Revolução Agrícola (Goudie e Viles, 1997), bem como nos países da faixa intertropical, através do processo de colonização extremamente predatório, imposto, por esses mesmos países europeus, na América Latina e na África, por exemplo. Esses processos de erosão acelerada continuam acontecendo em quase todos os países tropicais, quer pela falta de adoção de práticas conservacionistas, quer pela necessidade de produzir a qualquer custo, sem preocupação com a manutenção do equilíbrio ecológico e, conseqüentemente, com estabilidade dos solos e do relevo nessas áreas rurais. Isso tudo pode contribuir para um maior empobrecimento das pessoas que habitam essas áreas e ser um dos responsáveis também pelo êxodo rural.

CONCEITOS, TEMAS E APLICAÇÕES   37

3.3. GEOMORFOLOGIA E PLANEJAMENTO

Várias são as possibilidades de se aplicarem os conhecimentos geomorfológicos no planejamento, e isso está bem claro em diversos trabalhos que podem ser lidos na literatura nacional e internacional (Cooke e Doornkamp, 1977 e 1990; Coates, 1981; Cooke et al.,1985; Hooke, 1988; Goudie e Viles, 1997; Mauro et al. 1997; Botelho, 1999; Carvalho, 2001; Cunha e Guerra, 2004; Fullen e Catt, 2004; Christofoletti, 2005; Morgan, 2005). A interface entre a Geomorfologia e o Planejamento é bastante instigante, e o geomorfólogo pode fornecer técnicas de pesquisa e conhecimentos sobre a superfície da Terra, relacionados às formas de relevo e aos processos associados, de tal maneira que essas informações sejam vitais para o Planejamento, no sentido de prevenir contra a ocorrência de catástrofes e danos ambientais generalizados. Além disso, os conhecimentos geomorfológicos podem também auxiliar no desenvolvimento sustentável de uma porção da superfície terrestre, reduzindo bastante as conseqüências negativas do crescimento urbano, por exemplo, bem como da exploração rural e outras formas de ocupação humana, em qualquer porção da superfície terrestre.

Uma interação efetiva requer atenção, por parte tanto dos geomorfólogos quanto dos planejadores, dos conhecimentos oferecidos pela Geomorfologia, bem como das estruturas de políticas públicas estabelecidas pelos planejadores. A propósito disso, Hooke (1988) chama a atenção para a preocupação que os planejadores devem ter quando certas políticas públicas podem afetar o meio físico e os processos que atuam nas paisagens. As políticas públicas são implementadas através de uma série de medidas, como legislação e regulamentos, bem como por incentivos fiscais. Os geomorfólogos devem estar atentos a tudo isso, porque, pelo fato de estudarem as formas de relevo e os processos associados da superfície terrestre, qualquer atividade humana que modifique a forma do terreno, induza à movimentação de materiais ou possa alterar a quantidade e qualidade das águas interessando a eles.

Diversas atividades podem afetar indiretamente as propriedades da superfície terrestre, por meio das interações com a cobertura vegetal. Hooke (1988) destaca que, a partir do momento que os humanos vivem, trabalham, constroem na superfície terrestre, tais atividades produzem, necessariamente, mudanças nos ecossistemas terrestres e aquáticos. Dessa forma, é fundamental que o geomorfólogo tenha um interesse especial nas atividades da sociedade, que, quase sempre, provocam modificações nos processos da natureza. Sendo assim, Hooke (1988) enfatiza que os geomorfólogos deveriam participar, juntamente com aquelas pessoas que têm poder de decisão nos governos, para que possam influenciar nas políticas públicas que estejam relacionadas diretamente a questões que dizem respeito ao meio físico (**Figura 11**), que, na prática, é a maioria das decisões.

As mudanças ambientais devidas às atividades humanas sempre aconteceram, mas atualmente as taxas dessas mudanças são cada vez maiores, e a capacidade dos humanos em modificar as paisagens também tem aumentado bastante. A combinação do crescimento populacional com a ocupação de novas áreas, assim como a exploração de novos recursos naturais, tem causado uma pressão cada vez maior sobre o meio físico. A combinação desses fatores com o maior conhecimento dos processos geomorfoló-

Figura 11 — Bairro periférico, na cidade de Açailândia (Maranhão), com uma rua sem calçamento, rede de esgoto e galeria pluvial. Pode-se notar o escoamento das águas servidas sobre a rua, iniciando o processo de formação de ravinas.
Foto A.J.T. Guerra.

gicos e dos materiais existentes na superfície terrestre tem refletido também na maior preocupação por parte dos pesquisadores e, também, de alguns planejadores, com os problemas ambientais que esse crescimento, quase sempre, tem causado.

Nesse contexto, a Geomorfologia vem sendo utilizada, cada vez mais, no Planejamento, na medida em que procura compreender as relações entre a ocupação humana, a terra e a água. Apesar de a Geomorfologia se preocupar principalmente com a terra e a água, o homem é considerado, hoje em dia, o mais importante agente geomorfológico em várias partes do mundo (Cooke e Doornkamp, 1977 e 1990; Goudie e Viles, 1997). Ainda segundo Cooke e Doornkamp (1977 e 1990), tem havido um grande crescimento do papel da Geomorfologia no planejamento, tanto em países desenvolvidos como nos países em desenvolvimento. A propósito disso, Mauro *et al.* (1997) apontam que o "Planejamento Ambiental não deveria substituir o Planejamento Físico ou Regional; pelo contrário, deveria buscar articulação com outras modalidades de planejamento. O Planejamento Territorial (Físico ou Regional), no qual se articulam os Planejamentos Ambiental, Sociocultural e Econômico, além de outras modalidades, deve ser a projeção no espaço das políticas social, cultural, ambiental e econômica de uma sociedade, vinculando as atividades humanas ao território".

A ocupação de encostas, planícies fluviais, áreas costeiras, entre outras, tem tido, muitas vezes, apoio envolvendo diagnósticos e prognósticos geomorfológicos, para se evitar enchentes, deslizamentos, erosão de áreas costeiras, que sempre causam prejuízos e, algumas vezes, perdas de vidas humanas. Nesse sentido, os geomorfólogos têm, cada vez mais, compreendido a importância dos seus levantamentos e estudos, com a finalidade de proporcionar uma ocupação mais segura e permanente de diversas partes da superfície terrestre. Onde esses fatos têm acontecido, danos ambientais tornam-se cada vez mais raros, bem como a qualidade de vida, na maioria das vezes é assegurada.

Diversos pesquisadores do mundo inteiro e também do Brasil têm enfatizado a importância da Geomorfologia. Assim, Christofoletti (2005) destaca que "o planejamento sempre envolve a questão da espacialidade, pois incide na implementação de atividades em determinado território, constituindo um processo que repercute nas características, funcionamento e dinâmica das organizações espaciais". Dessa forma, o autor aponta também que devem ser levados em consideração os aspectos dos sistemas ambientais físicos (geossistemas), bem como os dos sistemas socioeconômicos.

Fullen e Catt (2004) apontam que o crescimento urbano e rural, sem o devido planejamento, tem afetado os solos, provocando uma série de impactos ambientais. Os autores destacam ainda que os solos, como um recurso natural, estão intimamente associados com outros dois principais elementos do meio ambiente: a água e o ar. Em nível internacional os planejadores e os políticos têm enfatizado, de forma desequilibrada, esses três elementos (solo, água, ar), uma vez que existe bastante legislação sobre a qualidade do ar e da água, mas quase nada para melhorar e proteger os solos, em quase todos os países.

Algumas mudanças geomorfológicas são o resultado de escavações em grande escala, como nas áreas de mineração. Em outras situações as transformações podem ser menores, em especial quando se referem às Unidades de Conservação, área em que as políticas públicas adotadas tendem a causar poucas mudanças na paisagem. Algumas atividades podem ser urbanas, ou rurais, e envolvem alterações morfológicas do relevo; estas incluem a construção de estradas e a mineração, por exemplo (Hooke, 1988). Apesar da grande variedade de atividades que o homem desenvolve na superfície terrestre, em diferentes ambientes, existem duas zonas — rios e áreas costeiras — que são bastante dinâmicas do ponto de vista geomorfológico e, dessa forma, apresentam problemas específicos. Segundo Hooke (1988), os problemas ambientais nessas áreas devem-se à falta de coordenação de políticas públicas e/ou à proliferação de agências envolvidas. Não são apenas as mudanças morfológicas que deveriam ser analisadas nessas áreas, mas também as alterações nos processos geomorfológicos, bem como na qualidade e na quantidade de água. Dessa forma, os problemas geomorfológicos e as políticas públicas, relacionadas ao Planejamento, deveriam ser examinadas em termos de tipos particulares de áreas envolvidas, reconhecidas pela legislação vigente, pois estão sujeitas a políticas especiais, bem como o planejamento da ocupação do meio físico, com apoio da Geomorfologia.

4. Aplicações

Neste item são abordadas algumas das principais aplicações que a Geomorfologia tem tido nas atividades que o homem desenvolve na superfície terrestre. Os conceitos relacionados aos processos e às respostas do meio ambiente à atuação humana têm uma série de fatores que lhes deram origem, e torna-se fundamental tentar compreender como os humanos têm modificado o meio ambiente. Segundo Goudie e Viles (1997), tal compreensão é vital se quisermos solucionar os problemas ambientais resultantes da ocupação desordenada. No entanto, segundo Goudie e Viles (1997), se quisermos aplicar os conhecimentos geomorfológicos para o manejo ambiental, bem como para solucionar danos causados ao meio ambiente pelo uso inadequado dos recursos naturais, temos que procurar entender como a sociedade atua no que diz respeito às questões ambientais. Os referidos autores exemplificam que, mesmo sabendo que o corte de árvores pode produzir erosão dos solos e mudanças hidrológicas numa bacia hidrográfica, isso não quer dizer que consigamos resolver o problema ambiental resultante. Goudie e Viles (1997) enfatizam que precisamos também saber por que as pessoas estão cortando árvores, ou seja, antes que possamos propor alguma solução devemos compreender as condições econômicas, capacidade tecnológica, organização cultural e o sistema político das sociedades envolvidas num determinado dano ambiental.

Nesse sentido, este item procura colocar para o leitor uma série de aplicações que a Geomorfologia pode ter, levando em conta a sua importância para a compreensão dos sistemas físicos, uma vez que as atividades humanas, na superfície terrestre, de uma forma ou outra, estão sempre sobre alguma forma de relevo e algum tipo de solo. Ou seja, o conhecimento geomorfológico pode não só evitar que aconteçam impactos ambientais negativos sobre o relevo, como proporcionar um desenvolvimento mais duradouro e estável a qualquer porção da superfície terrestre. Dessa forma, um estudo geomorfológico prévio à ocupação de uma determinada porção do relevo, ou um mapeamento, que seja compreendido pelos planejadores, pode ser de grande importância para que se consiga promover o desenvolvimento daquela área, sem que haja impactos ambientais negativos. Desse modo, são aqui apresentadas algumas das possibilidades e aplicações da Geomorfologia, por exemplo, ao turismo, à exploração de recursos minerais, ao aproveitamento dos recursos hídricos, à produção de energia hidrelétrica, ao saneamento básico, às Unidades de Conservação, às áreas costeiras, aos EIAs-RIMAs, ao diagnóstico de áreas degradadas, ao estudo dos movimentos de massa, ao estudo da erosão dos solos, às linhas de transmissão de energia elétrica e à recuperação também de áreas degradadas. Voltamos a insistir que podem existir várias outras aplicações da Geomorfologia, mas para este capítulo foram selecionadas apenas essas que citamos.

4.1. GEOMORFOLOGIA APLICADA AO TURISMO

O turismo é uma atividade que pode estar intimamente relacionada com o meio físico, em especial aquele que está vinculado à exploração das belezas naturais de uma determinada área, o turismo de aventura, o turismo ecológico, o turismo saúde, o turismo lazer, o turismo rural, o turismo climático e hidrotermal etc. Dessa forma, o conhecimento geomorfológico da área a ser aproveitada para essa atividade econômica pode tornar a atividade mais rentável, segura e menos impactante.

Tem sido a atividade econômica que mais tem crescido nas últimas décadas, acontecendo praticamente em qualquer parte da superfície terrestre. Segundo Seabra (2003), "o forte crescimento da atividade, repercutindo no ambiente, na vida econômica, social e cultural das áreas receptoras, gerando impactos de qualidade e quantidade diversos, colocou o turismo, nos últimos tempos, como uma prioridade na pauta de preocupações de planejadores, acadêmicos e gestores de políticas públicas, interessados na temática". A Geomorfologia tem dado uma grande contribuição, nesse sentido, em especial em áreas onde ocorre um grande afluxo de turistas, como nas trilhas de alguns parques nacionais e estaduais, podendo, por exemplo, determinar a capacidade de suporte dessas trilhas e, conseqüentemente, auxiliar no desenvolvimento sustentável dessas Unidades de Conservação.

Seabra (2003) destaca ainda que, "embora as idéias contidas no turismo sustentável ainda estejam em processo de construção, seja no aspecto teórico-conceitual, seja no aspecto das estratégias e ações implementadas, há hoje uma consciência crescente da importância de pensar e agir em prol do turismo sustentável, com vistas a minimizar os impactos negativos e maximizar aqueles que apontem para os caminhos da conservação do meio ambiente e da justiça social". Assim, mais uma vez a Geomorfologia pode dar uma contribuição significativa, na medida em que procura compreender os processos formadores do relevo, bem como a sua dinâmica externa, que pode ser mais ou menos afetada, em virtude do tipo de ocupação a que uma determinada porção do território possa estar sendo exposta. A Geomorfologia aplicada ao turismo pode ser de grande valia para que essa atividade possa florescer, com aproveitamento máximo das belezas naturais de uma determinada área: rios, cachoeiras, falésias, lagos, praias, cavernas, áreas alagadas, desertos, enfim, uma grande variedade de ambientes que a Geomorfologia vem estudando há muito tempo, tendo sido desenvolvida uma série de teorias e modelos sobre essas e muitas outras partes da superfície terrestre; e o turismo pode utilizar esses conhecimentos para uma melhor gestão desse tipo de atividade, sem que aconteçam impactos ambientais negativos (**Figura 12**), podendo chegar-se de fato ao tão falado turismo sustentável.

Figura 12 — Pequena ponte de madeira construída em uma área de caminhada ecológica próxima a Itatiaia (Rio de Janeiro), notando-se o início do processo erosivo, na base da ponte.
Foto A.J.T. Guerra.

A Geomorfologia também pode dar a sua contribuição na avaliação estética de uma determinada porção da superfície terrestre, e isso é de grande apreciação pelo turismo, sendo um dos seus objetivos atrair os visitantes para admirar os diferentes cenários de uma região específica. Segundo Hart (1986), embora as paisagens não sejam consideradas por todos como um recurso, como são os minerais, por exemplo, um ponto crucial é o seu manejo adequado, levando-se em conta a sua conservação, para fins de recreação (**Figura 13**), esportivos, científicos etc. É claro que existe uma dificuldade em estabelecer quais paisagens as pessoas apreciam mais. Mesmo assim, temos que tomar decisões relacionadas ao maior ou menor aproveitamento de determinadas paisagens, e, mais uma vez, a Geomorfologia tem sua contribuição a dar nesse campo. Hart (1986) destaca que muitas das características que fazem de uma paisagem um local atrativo são geomorfológicas, e, dessa forma, o pesquisador deve estar apto a responder aos anseios dos gestores e dos visitantes — quais formas de

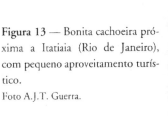

Figura 13 — Bonita cachoeira próxima a Itatiaia (Rio de Janeiro), com pequeno aproveitamento turístico.
Foto A.J.T. Guerra.

relevo existem numa determinada parte da superfície terrestre, quais os riscos de se andar por essas áreas, quais os seus potenciais e que cuidados devem ser tomados, para que não venha a ser degradada pelos turistas. Enfim, existe uma grande gama de contribuições que o geomorfólogo pode dar, para que o turismo seja uma atividade não apenas contemplativa (**Figura 14**), através de *folders* e manuais que podem ser elaborados com base no conhecimento da Geomorfologia da área visitada, mas também que haja um grande aproveitamento dessas áreas, sem que o turismo venha a provocar danos ambientais nas áreas visitadas pelos turistas.

Nesse sentido, a aplicação da Geomorfologia ao turismo pode ser de grande relevância, na medida em que o meio físico possa ser mais bem aproveitado, bem como qualquer que seja o tipo de turismo que esteja bastante relacionado ao meio ambiente, como os vários citados nesse subitem. Podem ser feitos levantamentos e diagnósticos de recursos naturais da área a ser explorada, bem como ser definidos planos de ação para a

Figura 14 — Pedra Furada. Formação rochosa de rara beleza, situada no Parque Nacional da Serra da Capivara (Piauí).
Foto A.J.T. Guerra.

implementação do turismo, levando em conta a conservação dos recursos naturais da área em questão. Essas são algumas formas de como a Geomorfologia pode participar ativamente de projetos que tenham o turismo como centro das atenções; isso sem falar do turismo sustentável, que deve ser meta de uma sociedade que deseja aproveitar o meio ambiente de forma integrada, com uma atividade econômica, que vem sendo considerada das mais importantes, nos dias de hoje, em termos de gerar renda e empregos diretos e indiretos, em todo o mundo.

4.2. GEOMORFOLOGIA APLICADA À EXPLORAÇÃO DE RECURSOS MINERAIS

A contribuição da Geomorfologia para avaliação e gestão dos recursos minerais pode focar-se em três principais tópicos: solos, minerais, areias e cascalhos. Hart (1986) destaca que o solo é o recurso natural de maior importância para o homem, devido ao seu papel crucial na agricultura e, conseqüentemente, na produção mundial de alimentos. Os solos são também importantes na Geomorfologia, porque na maioria dos casos eles são a zona de contato entre as rochas e os processos externos, que se iniciam com o intemperismo.

A partir de mapas geomorfológicos podem-se, algumas vezes, inferir classes de solos, por meio da interpretação de fotografias aéreas. Segundo Hart (1986), uma abordagem similar pode ser adotada para se pesquisarem recursos minerais, ou seja, um mapa geomorfológico pode proporcionar características significativas, uma vez que muitos recursos minerais estão intimamente relacionados com as feições do relevo. Os exemplos incluem depósitos aluviais, como ouro e diamante, materiais intemperizados enriquecidos, como cobre, limonita, manganês, bauxita, cobalto e caulim, e depósitos basais, como carvão e minério de ferro. Areia, cascalho e pedras de construção são talvez os materiais mais importantes, que são extraídos da superfície terrestre, devido à utilização na construção civil.

As areias extraídas dos rios brasileiros também apresentam uma série de impactos ambientais, associados à sua retirada, sem respeito à legislação atual, nem consideração dos riscos geomorfológicos que essa atividade econômica causa. A propósito disso, Mauro *et al.* (1997) apontam a importância que a Geomorfologia pode ter na elaboração dos EIAS-RIMAS, para a exploração de areia, como também na de laudos periciais, quando os impactos chegam a ocorrer. Esses autores elaboraram um laudo pericial para trechos da sub-bacia do Rio Jaguari-Mirim, afluente do Rio Mogi-Guaçu, no Estado de São Paulo, onde destacam que "o alargamento do leito fluvial e a retirada da mata ciliar modificam o escoamento das águas do leito, favorecendo a aceleração da erosão das margens, bem como o conseqüente assoreamento do canal. A fauna ribeirinha e a ictiofauna têm seu hábitat alterado".

Hart (1986) aponta as quatro principais áreas onde a Geomorfologia pode fazer a sua contribuição: 1) identificação, mapeamento e avaliação econômica de depósitos de certos minerais; 2) avaliação de impactos ambientais que possam vir a ocorrer, diante da exploração dos minerais; 3) monitoramento da área em exploração, durante e após a atividade de mineração; 4) avaliação da relação custo/benefício, advinda das operações de mineração. É na primeira delas que o geomorfólogo tem tido mais tradição na avaliação econômica e no mapeamento das áreas de mineração. Entretanto, o geomorfólogo vem, cada vez mais, dando sua contribuição na elaboração de EIAS-RIMAS, assim como na elaboração de programas de recuperação de áreas degradadas (PRAD), em função da atividade mineradora, que também degrada a área explorada.

Quase todas as atividades humanas, na superfície terrestre, causam algum tipo de modificação, sendo que a mineração talvez seja uma das que mais altera o relevo (**Figuras 15 e 16**). Daí a necessidade crescente de os estudos geomorfológicos enfocarem, com mais cuidado, diagnósticos e prognósticos em áreas onde haja algum tipo de atividade de mineração. A propósito disso, Goudie (1990) lista uma série de atividades que transformam e, muitas vezes, degradam o relevo terrestre, sendo que várias delas estão ligadas à mineração. Dentre elas, o referido autor destaca vários tipos de mineração, como ferro, carvão, bauxita, cobre etc., bem como a extração de água de superfície e subsuperfície, podendo, por vezes, causar inclusive a subsidência do relevo. Além disso, Goudie (1990) destaca também que as escavações feitas para obtenção, por exemplo, de carvão, minério de ferro, calcário etc., além de causarem danos ambientais e estéticos nos locais onde essas escavações são feitas, o rejeito oriundo da exploração

Figura 15 — Extração de argila próxima à cidade de Manaus (Amazonas). Podem-se notar as marcas feitas pelas escavações.
Foto A.J.T. Guerra.

desses minerais tem causado impactos ambientais negativos no local das jazidas, assim como o escoamento superficial transporta parte desse rejeito, provocando assoreamento e poluição de corpos líquidos, em áreas, por vezes, afastadas da área de mineração.

Mais uma vez, a Geomorfologia pode dar a sua contribuição não só quando auxilia na elaboração de um bom EIA-RIMA, para a exploração desses e de outros minerais, mas também na prevenção contra a ocorrência de danos ambientais, bem como na mitigação de áreas que venham a ser degradadas, em função da mineração.

Sanchez (2003) aborda muito bem, do ponto de vista histórico, os vários tipos de danos ambientais que a mineração tem causado no Brasil, desde a sua descoberta. O referido autor cita uma série de exemplos relacionados à mineração do ouro, ferro, carvão, chumbo, estanho, bauxita, calcário e outros minerais. Através de uma abordagem histórica, Sanchez (2003) destaca como têm acontecido os conflitos socioambientais resultantes da atividade mineradora. O autor aponta ainda que, "nas empresas

CONCEITOS, TEMAS E APLICAÇÕES

Figura 16 — Pequena jazida de calcário, no Estado de Goiás.
Foto A.J.T. Guerra.

mais avançadas, as boas práticas de gestão implicarão um desenvolvimento tecnológico, visando atingir diversos objetivos de melhoria de seu desempenho ambientais, tais como: a) reuso crescente da água; b) redução do consumo de energia, por tonelada de minério produzido; c) desenvolvimento de novos métodos de disposição segura de rejeitos; d) melhoria dos sistemas de monitoramento ambiental, atualmente muito incipientes". Mais uma vez, a Geomorfologia pode dar uma enorme contribuição em cada uma dessas quatro formas de intervenção apontadas pelo autor.

Suguio (2003) destaca que "a possibilidade de prognosticar eventos constitui um dos aspectos mais relevantes da Geologia Sedimentar", e incluímos aqui também os da Geomorfologia. Nesse sentido, esses ramos de conhecimento têm construído "abundantes modelos, elaborados com base em casos reais bem estudados, auxiliando no prognóstico de casos pouco estudados ou com poucos dados". Conforme tem sido demonstrado por vários autores e por Suguio (2003), "o progresso das geociências nas últimas décadas, com novos conceitos desenvolvidos nos tradicionais campos de Geologia, Geomorfologia, Geografia e Pedologia, bem como no surgimento de inúmeras contribuições em campos, alguns dos quais recém-implantados no país, como os da Geologia Marinha, Arqueologia e estudos ambientais e criminalísticos, impõe a integração de todas essas áreas de conhecimento científico". Nesse sentido, a Geomorfologia, por tratar do estudo do relevo terrestre, suas formas, composição e processos, pode dar uma grande contribuição também no que diz respeito à exploração de recursos minerais, com otimização dessa atividade, bem como evitando a ocorrência de danos ambientais e recuperação das áreas já degradadas.

4.3. GEOMORFOLOGIA APLICADA AO APROVEITAMENTO DE RECURSOS HÍDRICOS

Esse é mais um campo onde a Geomorfologia pode dar sua contribuição para que seja possível o aproveitamento máximo dos recursos hídricos, sem que aconteçam os danos ambientais ocorridos em várias partes do país. Nesse sentido, Guerra (2003b) chama atenção para as bacias hidrográficas que têm grande importância na recuperação de áreas degradadas, até porque grande parte dos danos ambientais que ocorrem está situada nas bacias hidrográficas. Dessa forma, é preciso conhecer a sua formação, constituição e dinâmica, para que as obras de recuperação não sejam apenas temporárias e sem eficácia, bem como possa ocorrer um melhor aproveitamento dos recursos hídricos, sem que haja desperdício e, ao mesmo tempo, sem acontecerem os danos ambientais que estamos acostumados a ver em diversas bacias hidrográficas brasileiras.

Os rios possuem um papel importante no modelado do relevo terrestre, atuando como importantes agentes geomorfológicos, transportando sedimentos, que na maioria das vezes são oriundos das encostas pertencentes às bacias onde esses rios estão situados (**Figura 17**). Os canais fluviais têm grande capacidade de esculpir seus vales, formar planícies aluviais, e, ainda, parte dos sedimentos transportados pode contribuir na formação dos deltas, na desembocadura de alguns rios. Como aponta Suguio (2003), "rio, em termos geomorfológicos, é uma denominação empregada somente no fluxo canalizado e confinado. Por outro lado, dependendo do supri-

CONCEITOS, TEMAS E APLICAÇÕES

Figura 17 — Rio Amazonas, próximo à cidade de Manaus.
Foto A.J.T. Guerra.

mento de água, os rios podem ser efêmeros (ou temporários) e perenes (ou permanentes)". Para cada uma dessas situações, o trabalho do geomorfólogo pode destacar características para promover um melhor aproveitamento dos recursos hídricos, de maneira a não haver desperdício, bem como não causar danos ambientais nos canais fluviais e nos ambientes drenados pelos rios, como um todo, ou seja, na própria bacia hidrográfica.

As várias maneiras pelas quais os homens tentam manejar os rios e suas bacias hidrográficas acontecem praticamente no mundo inteiro, tanto nos países desenvolvidos como naqueles em desenvolvimento. A principal dificuldade, segundo Hart (1986), não está em identificar as maneiras pelas quais o homem modifica os sistemas fluviais, mas sim em identificar rios que ainda permanecem em seu estado natural. O homem usa os rios de diversas formas: como fonte de água potável e industrial; como meio de transporte; como elemento para produzir energia; como área onde possam ser despejados efluentes domésticos e industriais etc. Para tal, são criadas barragens, rios são retificados e canalizados (**Figura 18**), a água é retirada para irrigação, essa mesma água recebe os despejos industriais, portos são

Figura 18 — Rio canalizado e retificado, na cidade do Crato (Ceará).
Foto A.J.T. Guerra.

construídos para possibilitar a navegação, enfim, existe uma infinidade de obras que o homem faz nos canais fluviais para facilitar a sua utilização.

Como destaca Hart (1986), a maioria das intervenções que o homem faz nos rios produz uma série de impactos, que se constituem em riscos para o meio ambiente e para o próprio homem, necessitando diferentes formas de intervenção para corrigir o que foi feito de maneira inadequada, anteriormente, produzindo, por exemplo: poluição das águas, onde o esgoto é despejado *in natura*, assoreamento, onde são construídas barragens; erosão acelerada, onde os rios são retificados etc. Como enfatiza Hart (1986), o significado de tudo isso é que muitos dos processos são bem conhecidos pela Geomorfologia, no que diz respeito aos sistemas fluviais, de tal forma que a Geomorfologia Aplicada pode atuar no sentido de procurar auxiliar as autoridades responsáveis pela gestão dos rios, propondo técnicas de manejo que não causem os impactos ambientais aqui descritos.

Brookes e Gregory (1988) afirmam que grande parte da Geomorfologia ignorou as implicações dos trabalhos desenvolvidos pela engenharia, nos canais fluviais, até meados do século XX. Mas a partir do final da década de 1960 tem utilizado seus conhecimentos básicos da Geomorfologia Fluvial para a melhor compreensão das mudanças promovidas pelo homem nos rios e, conseqüentemente, procurado entender as relações existentes entre os canais fluviais e os processos geomorfológicos atuantes. Nesse sentido, Brookes e Gregory (1988) enfatizam que, a partir desse momento, a pesquisa passa a atentar mais para as mudanças causadas nos rios em virtude das obras de engenharia (**Figura 19**), bem como para os efeitos causados também a longas distâncias de onde essas obras são executadas, ou seja, mais a jusante nos canais fluviais.

As obras de canalização dos rios contribuíram enormemente para o avanço das pesquisas na geomorfologia fluvial, em função dos impactos que essas obras causaram aos rios, em especial nos Estados Unidos (Brookes e Gregory, 1988). A propósito disso, os referidos autores chamam atenção para os avanços e contribuições feitos pelos geomorfólogos às políticas públicas de engenharia fluvial e à gestão das bacias hidrográficas, incluindo aí a análise da distribuição e extensão das obras, ao longo dos canais fluviais, interpretação dos efeitos resultantes das obras de cana-

Figura 19 — Obra de contenção à erosão em um dos afluentes do Rio Mississipi, nos Estados Unidos.
Foto A.J.T. Guerra.

lização e a formulação de alternativas mais adequadas ao ambiente físico das bacias hidrográficas, sem causar impactos devido a essas obras. É claro que, como destacam Brookes e Gregory (1988), a contribuição que a geomorfologia fluvial pode dar estará influenciada, por vezes, pela legislação que cada país possui em relação aos seus recursos hídricos.

No caso brasileiro, por exemplo, Tucci *et al.* (2003) apontam que "o processo institucional apresentou uma evolução muito importante nos últimos anos, o que é promissor para o gerenciamento dos recursos hídricos". Os autores afirmam também que "o desenvolvimento institucional encontra-se em fase de transição. A lei de recursos hídricos foi aprovada em 1997, estando sua regulamentação em curso, assim como a instituição da Agência Nacional de Águas — ANA —, a aprovação das legislações de parcela importante dos estados e o início do gerenciamento, por meio de comitês e agências, das bacias". Ou seja, uma vez estabelecida a legislação de uso e gerenciamento dos recursos hídricos no Brasil, a contribuição da Geomorfologia terá como se guiar, para que possa dar sua contribuição efetiva ao melhor aproveitamento desses recursos, sem causar os impactos ambientais que temos visto ao longo da nossa história, ou, pelo menos, que seja possível minimizar esses impactos, ou ainda que determinadas bacias possam ser recuperadas, a partir de práticas conservacionistas de uso do solo, bem como das obras que sejam necessárias no próprio canal fluvial. Ou seja, a partir de estudos geomorfológicos pode ser caracterizada a dinâmica de uma bacia hidrográfica, e as intervenções humanas deixam de ser apenas do ponto de vista das obras de engenharia, sem levar em conta a bacia como um todo.

Rebouças (2003) alerta para o descaso por parte das autoridades e da sociedade em geral com relação aos recursos hídricos brasileiros, afirmando que "muito da água doce brasileira já perdeu a sua característica de recurso natural renovável em várias das suas regiões mais densamente povoadas, onde esta se faz mais necessária, à medida que processos pouco estruturados de urbanização, industrialização e produção agrícola são estimulados, consentidos ou tolerados, desde os primórdios do período colonial". O uso racional dos recursos hídricos, levando em conta suas limitações e potencialidades, se torna cada vez mais necessário, se quisermos promover o desenvolvimento sustentável do país. Mais uma vez, a Geomorfologia pode dar a sua contribuição, através da localização de mananciais, levantamentos em bacias hidrográficas, estudos de riscos de erosão e movimentos de massa, planejamento em microbacias hidrográficas, identificação de áreas de riscos de enchentes, erosão e movimentos de massa, enfim, uma série de contribuições que a pesquisa básica em Geomorfologia pode ser aplicada pela sociedade.

4.4. GEOMORFOLOGIA APLICADA À PRODUÇÃO DE ENERGIA HIDRELÉTRICA

Embora existam muitas maneiras de o homem exercer influência sobre a quantidade e qualidade das águas dos rios, através da sua canalização, modificação das características das bacias hidrográficas, irrigação, urbanização e poluição, talvez uma das mais antigas é a construção de barragens, que podem ter várias finalidades, como, por exemplo: para obtenção de água para a agricultura e abastecimento de cidades; para prevenir a ocorrência de enchentes; para gerar energia etc. (Goudie, 1990). Segundo o referido autor, a primeira barragem de que se tem registro foi construída pelos egípcios, há cinco mil anos.

A construção de barragens com a finalidade de se produzir energia elétrica (**Figura 20**) deve ser antecipada de um minucioso EIA-RIMA, segundo a legislação brasileira, para se diagnosticar uma série de cuidados que se deve ter com relação ao local da construção da barragem, bem como da área a ser inundada pelo reservatório e da necessidade de se prognosticarem possíveis riscos ambientais que possam vir a ocorrer devido à construção da barragem. A Geomorfologia tem dado sua contribuição nesse campo, uma vez que se trata de um ramo de conhecimento que tem tido um avanço considerável sob o ponto de vista da pesquisa básica, podendo fornecer informações significativas no que diz respeito às características hidrológicas do rio onde será construída a barragem, bem como a possíveis áreas que venham a ser atingidas na bacia hidrográfica como um todo. Além disso, a Geomorfologia pode também fornecer informações úteis no que se refere aos riscos de erosão dos solos, no entorno do reservatório, apontando para os cuidados que devem ser tomados para que as taxas de assoreamento não venham a comprometer a vida útil do reservatório etc. (Garcia e Guerra,

Figura 20 — Obras para a construção de uma barragem, no Estado de Minas Gerais.
Foto A.J.T. Guerra.

2003). Essas são apenas algumas das possibilidades de a Geomorfologia ser aplicada à produção de energia hidrelétrica.

As grandes barragens que têm sido construídas no mundo todo e, em especial, no Brasil podem, além de produzir energia elétrica, contribuir na regularização do regime dos rios, mas, para que isso aconteça, é preciso que se faça um levantamento detalhado, e muito cuidadoso, das características morfométricas da bacia e também de como se dá a dinâmica da vazão das águas e da carga de sedimentos na bacia em questão. Como o ciclo hidrológico é afetado pela construção de uma barragem também pode ser avaliado pela Geomorfologia. Enfim, existe uma série de formas de se aplicar o conhecimento geomorfológico para se produzir energia hidrelétrica sem comprometer a qualidade e a quantidade das águas, que se constituem na força motriz para essa atividade econômica (Garcia e Guerra, 2003).

Goudie (1990) chama a atenção também para uma série de impactos que a construção de uma barragem pode trazer a uma determinada área, como, por exemplo: subsidência; pequenos terremotos de caráter local;

CONCEITOS, TEMAS E APLICAÇÕES 57

a transmissão e expansão de uma série de organismos; o aumento da salinidade de alguns solos; variações nos níveis do lençol freático podendo criar instabilidade de algumas encostas, além do encharcamento de alguns solos. Alguns desses processos podem tornar inviável o funcionamento das barragens, daí a necessidade de estudos prévios, para viabilizar não só a sua construção, como também o seu funcionamento.

Além da retenção de uma grande quantidade de sedimentos, a montante da barragem, que podem comprometer a vida útil, bem como o próprio funcionamento da usina hidrelétrica, ocorre também uma diminuição significativa da quantidade de sedimentos que eram transportados ao longo do rio, em especial a jusante da barragem. Isso tem que ser também levado em consideração, porque pode aumentar as taxas de erosão a jusante, interferindo na dinâmica fluvial da bacia como um todo. Mais uma vez, a Geomorfologia pode dar a sua contribuição para que esses problemas ambientais possam ser minimizados, ou pelo menos os gestores das usinas ou das bacias hidrográficas possam saber o que fazer, para que não seja alterada significativamente a dinâmica da bacia, em função da construção da barragem.

Até algum tempo atrás era muito comum afirmar-se que a construção de barragens era o ideal para o meio ambiente, porque produzia energia "limpa". Mas devemos levar em conta os custos ambientais, que são bem elevados para a construção de uma barragem, assim como a grande quantidade de recursos naturais que são mobilizados para a sua construção, como cimento, pedra, areia, ferro, combustível, e para o transporte desses materiais etc. Isso sem contar as terras que ficarão submersas, sendo perdidos solos férteis, além de algumas comunidades que deixarão de existir, assim como parte da história pode ser perdida também com o enchimento do reservatório. Coates (1981) chama a atenção também para outros impactos que devem ser considerados com a construção de uma barragem, como: alterações nas características das águas a jusante da barragem afetando os nutrientes, que antes chegavam aos estuários, podendo comprometer a diversidade e a abundância da ictiofauna; pequenas mudanças climáticas locais, modificações na química das águas fluviais, afetando os peixes e outros organismos que vivem nessas águas; diminuição de oxigênio a montante da barragem e aumento de oxigênio a jusante; possibilidade de aumentar a erosão costeira nas áreas onde os rios deságuam devido à diminuição do aporte de sedimentos, que antes eram trazidos pelos rios que foram represados. Enfim, uma série desses problemas vem sendo estudada pela Geomorfologia, que pode auxiliar para que esses danos não comprometam a qualidade de vida do ambiente onde as barragens são construídas, bem como no seu entorno e em áreas afastadas, situadas a jusante, chegando a interferir, inclusive, nas áreas costeiras.

Goudie e Viles (1997) chamam a atenção também para os riscos de eutroficação que muitas barragens podem provocar nas águas do reservatório, em especial quando esgotos domésticos, ricos em matéria orgânica, são jogados diretamente nos rios que fluem em sua direção, bem como fertilizantes que são aplicados nas lavouras situadas no entorno do reservatório. Os referidos autores enfatizam também a diminuição do aporte de sedimentos, a jusante da barragem, exemplificando que foi construída no Rio Colorado, no estado do Arizona (EUA), a fim de diminuir as enchentes, bem como produzir energia hidrelétrica. Mas, por outro lado, houve uma diminuição drástica da carga de sedimentos a jusante da barragem, que antes transportava 125 a 130 milhões de toneladas de sedimentos em suspensão, que se depositavam no delta do Golfo da Califórnia. Ou seja, esses tipos de impactos podem ser mais bem prognosticados e mitigados, caso estudos geomorfológicos de detalhe sejam executados antes da construção de barragens, em especial quando se trata das de grande porte.

O Brasil possui características geomorfológicas, climáticas e hidrológicas que favorecem a produção de energia hidrelétrica, mas muita atenção deve ser tomada antes da construção de uma barragem para que não aconteçam os problemas ambientais citados anteriormente. Segundo Bermann (2003), 65% do potencial hidrelétrico brasileiro se localiza na Região Amazônica, em especial nos rios Tocantins, Araguaia, Xingu e Tapajós. Segundo o referido autor, "as conseqüências sociais e ambientais da possibilidade de implantação dos empreendimentos hidrelétricos previstos para a região, envolvendo questões como as relacionadas com reservatórios em terras indígenas ou a manutenção da biodiversidade, exigem atenção e cuidados muito além da retórica dos documentos oficiais. Outros cuidados, também importantes, se encontram evidenciados na avaliação das emissões de gases de efeito estufa nos empreendimentos hidrelétricos previstos para a Amazônia". Ou seja, através do que foi visto aqui, fica evidenciado que a construção de uma barragem causa uma série de transformações nos rios e na bacia hidrográfica como um todo, podendo inclusive atingir as áreas costeiras e também aumentar as taxas de erosão nessas áreas. Não dá para construir uma barragem sem levar em conta um levantamento geomorfológico prévio, bem como outras características do meio físico e socioeconômico nas áreas atingidas, porque os riscos de impactos são grandes, muitas vezes sendo irreversíveis.

4.5. GEOMORFOLOGIA APLICADA AO SANEAMENTO BÁSICO

Um outro campo em que a Geomorfologia pode dar a sua contribuição efetiva refere-se ao saneamento básico, em especial nos países em desenvolvimento, onde o saneamento precário tem sido responsável pela disseminação de doenças, assoreamento de rios, lagos e baías, poluição dos corpos líquidos, incluindo aí as áreas costeiras, comprometendo a balneabilidade das águas do mar, rios, lagos e reservatórios. Enfim, uma diminuição gradativa da qualidade de vida, motivada pela escassez de saneamento básico.

A falta de tratamento de esgotos residencial e industrial (muitas vezes contendo metais pesados) tem provocado a eutroficação de lagos e reservatórios, devido ao aporte maciço de matéria orgânica proveniente dos esgotos domésticos. Além desse tipo de dano ambiental, essa falta de saneamento (**Figura 21**) representa, na maioria das vezes, uma falta de coleta diária de lixo, provocando o surgimento dos chamados "lixões" em quase todas as cidades brasileiras, responsáveis pela contaminação do lençol freático e também pelo assoreamento dos rios e lagoas, em virtude de grande parte desse lixo urbano ser transportada pelas encostas e rios, sendo parte desse material depositado nos próprios rios e parte em lagos e baías, comprometendo não só a qualidade, mas também a quantidade de água nesses ambientes (Goudie, 1995; Goudie e Viles, 1997).

A Geomorfologia pode dar a sua contribuição de várias formas: desde o diagnóstico e prognóstico em áreas onde serão estabelecidos aterros sanitários, que devem constar dos EIAs-RIMAs a serem elaborados para esses empreendimentos, até formas de se mitigarem danos que estejam acontecendo, ou que venham a acontecer, em virtude do estabelecimento de alguma atividade que possa ser poluidora. O estudo da dinâmica do relevo, bem como dos solos, que compõem um determinado ambiente, torna

Figura 21 — Esgoto correndo a céu aberto, em um bairro periférico da cidade de Açailândia (Maranhão).
Foto A.J.T. Guerra.

o geomorfólogo apto a poder dar uma contribuição significativa nessas questões relacionadas ao saneamento básico, mas pouco tem sido feito hoje em dia no Brasil. Na grande maioria das vezes, quando algo é feito, tende-se a desconsiderar o conhecimento geomorfológico de onde as obras para localização do aterro sanitário, bem como para o traçado das redes de esgoto, venham a ser construídas.

Algumas tentativas isoladas vêm sendo feitas em algumas partes do território nacional. A propósito disso, Rosa et al. (2003) desenvolveram um Programa de Educação Sanitária e Ambiental do Rio Jiquiriçá, no Estado da Bahia, com bons resultados. Eles apontam que a bacia do Rio Jiquiriçá possui uma área de 6.900km^2, equivalente a 39% da área total das bacias do Recôncavo Sul, com um alto grau de antropização, possuindo Unidades Geoambientais distintas e realidades socioeconômicas bem variadas. Os mesmos autores apontam que "a prática da pecuária sem manejo adequado, às margens do rio Jiquiriçá e afluentes, prejudica a recarga hídrica, devido à derrubada das matas ciliares e à compactação do solo, contribuindo para o assoreamento dos cursos d'água com o desbar-

CONCEITOS, TEMAS E APLICAÇÕES   61

rancamento das margens, além da contaminação oriunda do lançamento de dejetos dos currais e pocilgas". Isso sem contar os agrotóxicos e fertilizantes que são utilizados pela agricultura local e o esgoto, que é jogado *in natura*, pelas cidades localizadas na bacia do Jiquiriçá. O trabalho desenvolvido nessa bacia possibilitou verificar a importância das ações de educação ambiental para uma gestão adequada dos recursos hídricos, que, dessa forma, pode implicar reduzir a contaminação e o assoreamento dos corpos líquidos. A identificação de áreas propícias a esses processos que têm uma alta conotação geomorfológica pode ter um impacto positivo para as comunidades atingidas por esses programas, que são pouco difundidos no Brasil.

Por exemplo, na construção de uma rede de esgotos, numa determinada cidade, os dutos terão que ser colocados no solo, sendo necessárias obras de escavação, bem como, muitas vezes, obras de estabilidade de encostas, por onde eles passarão. Os materiais ao longo do percurso que esses dutos vão atravessar podem trazer conseqüências danosas para o meio físico e, dessa forma, danos ambientais para as pessoas que vivem próximo a essas obras, requerendo informações geomorfológicas, que poderão subsidiar tais obras, de maneira a não ocorrerem esses tipos de impacto, mas, infelizmente, isso é raro e, por conseqüência, temos visto uma série de danos causados pela falta de conhecimento geomorfológico nesse tipo de obra. Isso pode acontecer, tanto em áreas continentais como em áreas marinhas, quando interceptores oceânicos são construídos para levar o esgoto para áreas afastadas das praias. O conhecimento do substrato na plataforma continental e da dinâmica das correntes costeiras pode ser de grande valia para a construção do interceptor, bem como para sua manutenção ao longo do tempo. Como aponta Hart (1986), infelizmente os levantamentos geomorfológicos são raros de serem iniciados antes dessas grandes obras, e, como conseqüência, temos assistido a uma série de impactos ambientais negativos devido a esse desconhecimento.

O conhecimento geomorfológico, relativo à dinâmica das bacias hidrográficas, é também destacado por Crabtree (1988), quando chama a atenção para o fato de que a gestão dos rios urbanos e o desenvolvimento de programas de controle de poluição e de assoreamento tornam-se mais eficientes quando se adota uma política integrada, com base na bacia hidrográfica, como uma unidade de gestão, levando-se em conta as características hidrológicas, geomorfológicas e os processos bioquímicos que atuam nas bacias naturais e urbanas.

A urbanização acelerada e desordenada que vem ocorrendo em diversos países em desenvolvimento, com especial ênfase no Brasil, tem causado uma série de problemas de saneamento, com repercussão para o relevo como um todo e para os corpos líquidos em particular, atingindo, é claro, a população que vive próximo a essas áreas, mas também a todos aqueles que circulam pelas cidades. A propósito disso, Ribeiro e Günther (2003) apontam que a disposição inadequada do lixo urbano, tanto pela população como pelas prefeituras, de um modo geral, tem causado toda a sorte de impactos. "Essa prática tem reflexos sanitários e econômicos nas atividades cotidianas da própria vizinhança, como o entupimento de bocas-de-lobo e a redução do leito de drenagem dos rios, contribuindo para as enchentes e o desmoronamento de encostas, devido à instabilidade dos depósitos, em épocas de chuvas" (Ribeiro e Günther, 2003).

4.6. GEOMORFOLOGIA APLICADA ÀS UNIDADES DE CONSERVAÇÃO

As Unidades de Conservação, que incluem uma grande variedade de áreas protegidas, no Brasil, podem ser também beneficiadas pelos conhecimentos geomorfológicos, no que diz respeito não só ao Zoneamento Ambiental, necessário a essas Unidades, como também à execução de Planos de Manejo, Recuperação de Áreas Degradadas, quando for o caso, melhor aproveitamento turístico, desenvolvimento de técnicas adequadas ao desenvolvimento do turismo ecológico, definição de trilhas e áreas a serem mais bem aproveitadas, estabelecimento da capacidade de suporte; enfim, a Geomorfologia pode gerar conhecimentos que sejam fundamentais no desenvolvimento sustentável, em especial das Unidades de Conservação, onde possam ocorrer atividades econômicas, em combinação com a proteção de certas áreas, como acontece nas APAs (Áreas de Proteção Ambiental).

A elaboração do Zoneamento Ecológico-Econômico, que é necessário para o funcionamento de uma APA, também pode contar com os conhecimentos geomorfológicos, uma vez que todas as atividades desenvolvidas estarão sobre alguma forma de relevo e algum tipo de solo, que darão diferentes respostas, conforme o tipo de intervenção antrópica, podendo causar impactos ambientais catastróficos, como os grandes deslizamentos, desenvolvimento de voçorocas, enchentes, assoreamento de rios e lagos, poluição dos corpos líquidos etc.

Cada vez mais se torna necessário o estudo detalhado das Unidades de Conservação para a sua proteção e também para a sua melhor utilização, quando possível pela legislação. A propósito, Gama (2002) afirma que "até mais recentemente não se tinha a preocupação de desenvolver metodologias adequadas à elaboração de Planos Diretores Ambientais ou de Planejamento e Gestão, o importante era criar a Unidade de Conservação nas mais diversas formas e garantir, pelo menos legalmente, a sua proteção". A referida autora destaca também que "a realidade brasileira atual mostra um quadro em que as unidades de proteção estão segmentadas e em estágio de degradação, onde urge conhecer a dinâmica da ação antrópica e a dinâmica da própria natureza, fundamentais para o processo de criação e de manutenção da UC (estudo, diagnóstico, manejo, monitoramento, recuperação, proteção, propostas, conselho gestor etc.) e, muito mais do que isso, compreender o contexto socioeconômico-cultural-político em que se encontra, sem o qual não se sustenta".

Cooke e Doornkamp (1977 e 1990) abordam muito bem esse tema, enfatizando a importância da paisagem para a sociedade contemporânea, em termos de recreação, recebendo diferentes designações, como "cinturões verdes", "parques nacionais", "zonas selvagens", "monumentos naturais", "paisagens protegidas", "áreas de grande beleza natural" etc. Nas últimas décadas, o número de pessoas que apreciam as belezas naturais e a necessidade de proteção do meio ambiente têm crescido no mundo todo. Como resultado disso, aquelas pessoas responsáveis pela gestão dessas áreas tiveram que adicionar uma componente nova ao processo complexo de avaliação desses recursos naturais, sendo a Geomorfologia um ramo do conhecimento que tem tido grande importância nesse processo de avaliação.

Ainda segundo Cooke e Doornkamp (1977 e 1990), existem dois problemas críticos: o primeiro é que os planejadores têm dificuldade em definir que paisagens as pessoas apreciam mais. Os referidos autores afirmam que as respostas emocionais de cada indivíduo, ou grupos, aos cenários naturais e rurais são muito diferentes, e a psicologia da percepção ambiental é um campo altamente complexo. O segundo problema que o planejador tem que enfrentar é como descrever o valor estético de diferentes cenários, em termos comparativos, com outras atividades econômicas, como mineração, ocupação rural, desenvolvimento urbano etc., que são mais facilmente quantificadas. Cooke e Doornkamp (1997 e 1990) afirmam ainda que mesmo que determinadas preferências por certas paisagens sejam conhecidas e entendidas, o que geralmente não ocorre, persiste ainda o problema de como apresentar esses dados, de tal forma que possam ser utilizadas pelos gestores ambientais no processo de planejamento.

Cooke e Doornkamp (1977 e 1990) destacam também que apesar dessas questões complexas, colocadas aqui pelos autores, um aspecto é bem claro — a avaliação da paisagem, a forma do relevo e a natureza dos processos geomorfológicos são quase sempre consideradas como um ingrediente fundamental para o uso com fins recreacionais das paisagens. Dessa forma, os geomorfólogos têm um papel importante na avaliação das paisagens, com fins de planejamento ao seu uso para áreas de lazer ou algum outro tipo de utilização.

O papel das organizações não governamentais (ONGs) passa a se destacar, em especial após a década de 1980, participando, cada vez mais, de forma ativa em projetos que procuram conservar e recuperar áreas de interesse ambiental e social. Com isso as Unidades de Conservação passam a ter um papel de destaque, no sentido de serem estudadas, diagnosticadas, preservadas, mais bem aproveitadas (em alguns casos), tendo como ponto de partida a não-degradação do meio ambiente. Jacobi (2003) analisa muito bem esse tema, afirmando que "ocorre uma crescente inovação na cultura ambientalista brasileira. As entidades transcendem a prática da denúncia e têm como objetivo central a formulação de alternativas viáveis de conservação ou restauração de ambientes danificados. O socioambientalismo se torna parte constitutiva de um universo cada vez mais amplo de organizações não-governamentais e movimentos sociais. Isso ocorre na medida em que os grupos ambientalistas influenciam diversos movimentos sociais que, embora não tenham como seu eixo central a problemática ambiental, incorporam gradativamente a proteção ambiental como uma dimensão relevante do seu trabalho". Mais uma vez, a Geomorfologia tem dado sua contribuição nesse campo, através de uma série de estudos e diagnósticos

CONCEITOS, TEMAS E APLICAÇÕES 65

Figura 22 — Formações rochosas situadas no Parque Nacional da Serra das Confusões (Piauí).
Foto A.J.T. Guerra.

para a conservação e recuperação dessas áreas. Alguns desses estudos têm sido desenvolvidos em conjunto com as ONGs, que precisam, na maioria das vezes, de um bom embasamento geomorfológico nas suas avaliações, quer para preservar uma determinada paisagem, quer para utilizá-la sem causar danos ambientais. A Geomorfologia também tem sido bastante solicitada, quando se trata da elaboração de um Plano de Manejo para as Unidades de Conservação (**Figuras 22 e 23**), qualquer que seja a localização geográfica dessas Unidades.

Figura 23 — Dunas com vegetação, situadas no Parque Nacional dos Lençóis Maranhenses (Maranhão).
Foto A.J.T. Guerra.

4.7. GEOMORFOLOGIA APLICADA AO ESTUDO DAS ÁREAS COSTEIRAS

Uma outra área em que a Geomorfologia vem tendo uma aplicação muito significativa refere-se às áreas costeiras. Segundo Muehe (2005), "a preocupação de planejar racionalmente a ocupação e uso do espaço costeiro é relativamente recente no Brasil. Os constantes problemas resultantes de interferência, direta e indireta, no balanço de sedimentos costeiros e do avanço da urbanização sobre as áreas que deveriam ser preservadas mostram que ainda é longo o caminho entre intenção e realização". Mas, de qualquer forma, através dos conhecimentos proporcionados pela Geomorfologia Costeira, esse caminho pode ser não só abreviado, como mais bem embasado, para que os danos ambientais que têm ocorrido nessas áreas não continuem a acontecer ou, pelo menos, sejam bastante minimizados.

Nesse sentido, a Geomorfologia Costeira, que é um dos ramos da Geomorfologia, pode subsidiar pesquisas nessas áreas que vêm tendo uma pressão por parte da sociedade, em especial no Brasil, onde a ocupação das áreas costeiras vem acontecendo de maneira acelerada, ocasionando uma série de problemas relacionados à erosão costeira, saneamento, poluição, desmatamento de manguezais, enfim, danos que poderiam ser evitados caso houvesse um planejamento da ocupação dessas áreas, em especial aplicando-se os conhecimentos geomorfológicos para essa finalidade. Segundo Muehe (2005), nos últimos 50 anos houve uma intensa ocupação da faixa costeira brasileira, ou seja, a uma distância, em geral, não superior a 20km do mar, onde se concentram 20% da população brasileira. São ao todo 7.400km de extensão do litoral brasileiro, isso sem que sejam considerados os contornos de baías e ilhas, que, de uma maneira geral, possuem uma ocupação acelerada e desordenada.

Segundo Carr (1988), tem sido amplamente discutido o fato de que o manejo das áreas costeiras possui um componente geomorfológico que precisa ser mais bem definido e, conseqüentemente, mais bem aplicado. Isso se dá, em parte, devido a questões relacionadas à falta de uma definição mais precisa da aplicação dos conhecimentos geomorfológicos a essa temática, assim como a uma multiplicidade de interesses e organizações envolvidos, e à mudança dos papéis de cada um deles nas áreas costeiras. As pressões exercidas sobre essas áreas dificultam, muitas vezes, a aplicação desses conhecimentos, no sentido de melhor usar os recursos que essas áreas podem proporcionar à sociedade.

Carr (1988) sugere também que as áreas costeiras podem ser classificadas de várias maneiras: física, estratégica e economicamente. Do ponto de vista físico, podem ser subdivididas, por exemplo, em falésias e costas baixas, rochosas e de material inconsolidado. Do ponto de vista militar, as praias podem ser classificadas de acordo com o grau de dificuldade de acesso a elas. Levando-se em consideração os aspectos econômicos, os critérios envolvem a maior ou menor facilidade de se implantarem indústrias, em áreas protegidas por estuários, águas profundas, além de áreas que podem ser recuperadas ou sofrer aterros, para a expansão da zona costeira, em termos de facilitar a ocupação humana.

As áreas costeiras sofrem a intervenção humana de maneira direta e indireta. Quando o homem age de forma direta, ele intervém, por exemplo, protegendo a costa da erosão marinha, conservando uma praia, construindo um porto ou então conquistando terras ao mar, através de aterros. Por outro lado, quando o homem deixa as áreas costeiras de forma natural ou seminatural e as explora apenas do ponto de vista cênico e recreativo, sem fazer obras nessa área, os impactos praticamente não são sentidos, a não ser de forma indireta, ou seja, tende, nesse caso, a haver maior proteção e conservação dos recursos naturais (King, 1975; Beer, 1983; Hart, 1986).

Neste sentido, Hart (1986) afirma que os geomorfólogos têm participado, de forma cada vez mais ativa e dinâmica, em projetos que envolvem o gerenciamento costeiro, sendo possível reconhecer duas principais escalas de atuação. A primeira refere-se ao nível local, ou seja, a Geomorfologia pode dar a sua contribuição em temas relacionados à recuperação costeira, monitoramento de mudanças dinâmicas, identificação de possíveis riscos a deslizamentos, caracterização de impactos ambientais etc. A outra escala de atuação é mais regional, sendo a aplicação da Geomorfologia relacionada à análise do terreno e ao levantamento e avaliação dos recursos naturais envolvidos na região em questão. Um exemplo dessa segunda escala de atuação dos geomorfólogos refere-se a um levantamento feito na Escócia de todas as praias e dunas, que possibilitou aos planejadores formularem políticas públicas de ocupação dessas áreas, de forma a não ocorrerem impactos ambientais decorrentes da sua ocupação (Hart, 1986).

O trabalho dos geomorfólogos, quaisquer que sejam o tipo e a escala de atuação, deve sempre ser empregado de maneira a estar integrado à aplicação de políticas públicas que não causem impactos ambientais na área a ser ocupada. Ou seja, a aplicação da Geomorfologia às áreas costeiras pode ser de grande valia, no sentido de se poder prevenir contra a ocorrência de erosão e conservação dos recursos naturais aí existentes (**Figuras 24 e 25**).

Figura 24 — Praia Vermelha, na cidade do Rio de Janeiro. Na foto pode-se ver também o Pão de Açúcar.
Foto A.J.T. Guerra.

Figura 25 — Canal que separa o Parque Nacional dos Lençóis Maranhenses da cidade de Barreirinha (Maranhão).
Foto A.J.T. Guerra.

4.8. GEOMORFOLOGIA APLICADA AOS EIAs-RIMAs

Uma das várias aplicações da Geomorfologia nas últimas décadas é na elaboração de EIAs-RIMAs, ou seja, nos Estudos de Impactos Ambientais e Relatórios de Impactos Ambientais que são necessários, pela legislação brasileira, em qualquer grande investimento que demande a realização de obras de engenharia. Nos Estados Unidos, a Geomorfologia também vem tendo muita aplicação na elaboração desses estudos prévios para a execução dessas obras de engenharia (**Figura 26**).

As atitudes em relação ao meio ambiente variam bastante e têm sido bastante discutidas nas literaturas nacional e internacional. Alguns argumentos tendem ainda a adquirir uma força econômica maior, mas a necessidade de incorporar considerações ambientais tem sido cada vez mais usual em diversos projetos, em várias partes do mundo, e, conseqüentemente, a economia ambiental tem se expandido. A legislação que requer a elabora-

Figura 26 — Destruição, pela força da água, de uma canaleta, às margens da rodovia que passa pela cidade de Palmas (Tocantins).
Foto A.J.T. Guerra.

ção de Estudos de Impactos Ambientais já vem sendo utilizada há bastante tempo nos Estados Unidos e na União Européia, bem como em outros países (Hooke, 1988). O Brasil também já vem adotando esses estudos há algum tempo.

Quando os conhecimentos geomorfológicos são utilizados de forma correta e adequada, há uma pequena probabilidade de ocorrerem danos ambientais, como movimentos de massa, erosões dos solos, erosão costeira, assoreamento, enchentes etc., após a execução de grandes obras de engenharia, em especial quando o EIA-RIMA leva em conta esses riscos ambientais. Segundo Ross (2003), "os sistemas ambientais naturais em face das intervenções humanas apresentam maior ou menor fragilidade em função de suas características genéticas. A princípio, salvo algumas regiões do planeta, os ambientes naturais mostram-se, ou mostravam-se, em estado de equilíbrio dinâmico, até que as sociedades humanas passaram progressivamente a intervir, cada vez mais intensamente, na apropriação dos recursos naturais". Por isso mesmo a Geomorfologia pode dar uma grande contribuição no sentido de evitar que os danos ambientais, oriundos dessa apropriação dos recursos naturais, ocorram, promovendo, quase sempre, danos irreversíveis ao meio ambiente, além de perdas de vidas humanas.

A propósito, Mauro *et al.* (1997), no livro *Laudos Periciais em Depredações Ambientais*, abordam muito bem esse tema, através de uma série de estudos de casos, em que os professores do Departamento de Geografia da Unesp de Rio Claro, em conjunto com pós-graduandos e técnicos da Prefeitura de Rio Claro, esclarecem muito bem questões relacionadas ao Planejamento Ambiental, bem como o papel da Geomorfologia nos EIAs-RIMAs. Os referidos autores apontam que "quando se fala em EIA-RIMA se subentendem as alterações que a execução de um projeto introduziria no meio ambiente do projeto".

Nesse sentido, a Geomorfologia pode dar uma grande contribuição, porque esse meio ambiente a que Mauro *et al.* (1997) se referem inclui de maneira clara as formas de relevo e os solos associados, bem como os corpos líquidos continentais e costeiros, dependendo de onde o empreendimento esteja sendo proposto. Por isso mesmo, esses autores apontam que "para isso precisa-se, antes de tudo, converter o EIA-RIMA, não só em processo administrativo e mecânico, destinado a um processo que implica o conhecimento rigoroso da relação impacto-mudanças-conseqüências

CONCEITOS, TEMAS E APLICAÇÕES   71

dos sistemas ambientais, mas que se dê a esse processo uma base conceitual, em que o meio ambiente seja considerado em toda a sua complexidade, mediante a articulação dos diferentes níveis de agregação dos sistemas
ambientais". Ou seja, a ciência geomorfológica procura dar conta dessas
questões apontadas pelos autores aqui citados, na medida em que os projetos propostos estarão estabelecidos em uma determinada porção do território, onde formas de relevo, materiais constituintes, bem como processos associados estarão atuando em conjunto, de maneira a poder causar
desastres ambientais, caso não seja exaustivamente estudada a área onde o
empreendimento deverá se estabelecer.

Ainda se referindo ao livro *Laudos Periciais em Depredações Ambientais*, Mauro *et al.* (1997) abordam, de forma muito clara, as várias maneiras como a Geomorfologia pode ser efetivamente utilizada, não só através
da elaboração de EIAs-RIMAs, mas também quando auditorias e perícias
ambientais são realizadas. Isso pode ser facilmente notado através dos seus
vários capítulos, em especial em Laudos Periciais e Pareceres Técnicos em
Parcelamento do Solo e Construção de Habitações, e Laudos Periciais em
Intervenções sobre os Canais de Drenagem. Em ambas as situações a
Geomorfologia tem um papel de destaque na elucidação dos laudos apresentados pelos autores do livro em questão.

Gagen e Gunn (1988) apontam outra situação em que os conhecimentos geomorfológicos podem ser bem empregados, antes que uma
determinada atividade econômica se estabeleça numa determinada área. A
propósito, os referidos autores apontam que a exploração de calcário na
Inglaterra pode provocar danos ambientais e sérios conflitos em áreas que
possuem um grande atrativo turístico e paisagístico. Na elaboração de um
EIA-RIMA ou de algum projeto que possibilite melhor conhecer a área a
ser explorada, no sentido de que sejam evitados danos ambientais, bem
como conflitos com outras atividades econômicas que a região já possua
ou que venha a possuir, a Geomorfologia pode proporcionar os conhecimentos necessários para que tais impactos não aconteçam, ou que pelo
menos sejam minimizados. Isso tem acontecido, por exemplo, na região
do Yorkshire Dales National Park. A Geomorfologia, segundo Gagen e
Gunn (1988), tem sido amplamente utilizada em projetos de conservação
das áreas do campo (o *countryside* inglês), em áreas onde acontece a exploração do calcário, necessitando de políticas públicas que incluam a referida

exploração mineral, o controle do seu desenvolvimento e a recuperação de áreas degradadas após o término da exploração das jazidas.

4.9. GEOMORFOLOGIA APLICADA AO DIAGNÓSTICO DE ÁREAS DEGRADADAS

O diagnóstico de uma área degradada é o primeiro passo se quisermos, realmente, atuar na sua recuperação de maneira efetiva e duradoura, e isso muitas vezes não acontece. Nesse sentido, a Geomorfologia, por se preocupar em entender as formas de relevo, como se originam e evoluem, no tempo e no espaço, ou seja, quais os processos associados e quais os materiais constituintes envolvidos, pode dar uma grande contribuição na elaboração do diagnóstico. As áreas atingidas correspondem, quase sempre, a alguma forma de relevo que possua solos e rochas que sofreram algum tipo de degradação, na maioria das vezes pelo uso inadequado do meio físico pelo homem.

A Geomorfologia estuda toda a superfície da Terra, levando em conta os processos geomorfológicos que modelam o relevo terrestre. O mau uso da terra pode provocar danos ambientais que repercutem em prejuízos para o homem ou mesmo em perdas de vidas humanas. Marques (2005) chama a atenção para os relevos "que constituem os pisos sobre os quais se fixam as populações humanas e são desenvolvidas suas atividades, derivando daí valores econômicos e sociais que lhes são atribuídos. Em função de suas características e dos processos que sobre elas atuam, oferecem, para as populações, tipos e níveis de benefícios ou riscos dos mais variados. Suas maiores ou menores estabilidades decorrem, ainda, de suas tendências evolutivas e das interferências que podem sofrer dos demais componentes ambientais ou da ação do homem".

Nesse sentido, a Geomorfologia passa a ter um importante papel, juntamente com a Pedologia, no diagnóstico de áreas degradadas, porque todas ou quase todas as atividades que os seres humanos desenvolvem na superfície terrestre estão sobre algum tipo de relevo ou de solo. Existe uma grande interface entre a Pedologia e a Geomorfologia, e a partir do conhecimento integrado desses dois ramos do saber torna-se mais fácil não só diagnosticar danos ambientais, mas também disponibilizar informações

CONCEITOS, TEMAS E APLICAÇÕES 73

aos técnicos e à sociedade como um todo a fim de prognosticar a ocorrência dos danos e, conseqüentemente, evitá-los (Cooke e Doornkamp, 1977 e 1990; Abrahams, 1986; Goudie, 1989 e 1990; Selby, 1990 e 1993; Baccaro, 1999; Botelho, 1999; Almeida e Guerra, 2004; Fullen e Catt, 2004; Guerra e Mendonça, 2004).

A ciência geomorfológica procura compreender as formas de relevo, em diferentes escalas espaciais e temporais, explicando não só a sua gênese, mas também como evoluem no tempo e no espaço. Para que esse estudo atinja os objetivos colocados anteriormente, é preciso que o geomorfólogo tenha conhecimentos em vários campos do saber, tais como: Pedologia, Climatologia, Geologia, Biogeografia etc. Ou seja, as formas de relevo e os processos associados têm sua origem na combinação dos processos que ocorrem no interior do planeta (forças endógenas) e aqueles externos (forças exógenas), vindos da atmosfera. Nesse sentido, o geomorfólogo precisa estar sempre atento à conjugação dessas forças que, desde o surgimento do homem na Terra, têm provocado, na maioria das vezes, uma aceleração dos processos externos, tendendo quase sempre à instabilidade e, conseqüentemente, à ocorrência de danos ambientais, que podem acontecer gradativamente, como, por exemplo, o assoreamento de um rio ou de uma baía (**Figura 27**), ou, então, podem ser catastróficos, como os

Figura 27 — Material trazido por um rio que drena para a Baía de Sepetiba (Rio de Janeiro), contribuindo para o seu assoreamento.
Foto A. J. T. Guerra.

grandes deslizamentos, que têm acontecido no município de Petrópolis nas últimas décadas, provocando danos ambientais e perdas de vidas humanas (Gonçalves e Guerra, 2004).

Nesse sentido, o estudo das formas de relevo e dos processos associados pode ser útil na prevenção da ocorrência de tais processos, que acontecem, em especial, sobre as encostas. Essas formas, que dominam grande parte da superfície terrestre, se caracterizam por possuir declividades de dois a 3º apenas, sendo limitadas, nas suas partes mais elevadas, por um interflúvio e, nas partes mais baixas, por um talvegue.

Além das encostas, existem áreas mais ou menos planas, de 0 até 2º de declividade, que podem caracterizar áreas deprimidas, constituindo planícies, por exemplo, ou áreas elevadas, como as do topo das chapadas. Nas planícies, os processos geomorfológicos associados dominantes referem-se à deposição de materiais e infiltração e acúmulo de água nos solos, quase não ocorrendo erosão.

No topo das chapadas, com superfícies quase planas, predominam os processos de infiltração de água, que podem alimentar mananciais nas suas vertentes. O risco de erosão é muito pequeno no topo das chapadas, mas aumenta muito à medida que nos aproximamos do bordo das chapadas. Quando o topo das chapadas possui declividade superior a 3º, isso já é suficiente para produzir voçorocas, às vezes com mais de um quilômetro de comprimento, vários metros de largura e profundidade entre um e 10 metros, desde que haja solo suficiente. O recuo das cabeceiras das voçorocas situadas nas suas vertentes, em direção ao topo das chapadas, pode causar uma série de impactos ambientais, muitas vezes de difícil recuperação. Esses impactos podem ser cicatrizes de movimentos de massa ou mesmo de voçorocas.

No caso de a encosta ser diagnosticada, por exemplo, após a ocorrência de um movimento de massa, há que considerar uma série de variáveis, tais como: textura, contato solo/rocha abrupto, existência de fraturas no material rochoso, presença de matacões na matriz do solo, forma e declividade das encostas, uso do solo nas áreas atingidas etc. (**Figura 28**).

Em resumo, caso todos esses parâmetros, aqui abordados, não sejam levados em conta em um projeto de diagnóstico de áreas degradadas, corre-se um grande risco de insucesso, com o conseqüente desperdício de recursos, podendo, em algumas situações, colocar em risco a vida das pessoas no entorno da obra executada.

Figura 28 — Parte de uma rua destruída, em Petrópolis (Rio de Janeiro), devido a um deslizamento.
Foto A.J.T. Guerra.

4.10. GEOMORFOLOGIA APLICADA AOS ESTUDOS DOS MOVIMENTOS DE MASSA

Um outro campo de conhecimento em que a Geomorfologia tem dado uma grande contribuição é no diagnóstico, prognóstico e recuperação de encostas que sofrem movimentos de massa. Nesse sentido, os movimentos de massa são aqui caracterizados como o transporte coletivo de material rochoso e/ou de solo, onde a ação da gravidade tem papel preponderante, podendo ser potencializado, ou não, pela ação da água. A propósito disso, Goudie (1995) explica muito bem o papel da Geomorfologia, quando classifica movimentos de massa como sendo processos que envolvem a transferência de materiais das encostas para partes mais baixas do terreno, sob a influência da gravidade, sem, necessariamente, a participação de água, vento ou gelo, podendo ser classificados, segundo o referido autor, de acordo com a velocidade e a natureza do movimento, como queda, deslizamento, fluxo ou rastejamento.

Vários autores têm dado grande ênfase ao papel que a Geomorfologia pode ter nos estudos dos movimentos de massa (Cooke e Doornkamp, 1977 e 1990; Coates, 1981; Small e Clark, 1982; Petley, 1984; Cooke *et al.*, 1985; Abrahams, 1986; Hart, 1986; Brunsden, 1988; Parsons, 1988; Selby, 1990 e 1993; Goudie, 1990 e 1995; Ollier e Pain, 1996; Carvalho, 2001; Fernandes e Amaral, 2002; Christofoletti, 2005; Guerra, 2005; Gonçalves e Guerra, 2004; Oliveira e Herrmann, 2004). No entanto, Brunsden (1988) aponta o papel que a Geomorfologia tem no planejamento da ocupação de encostas que apresentam instabilidade, destacando os seguintes aspectos: a) na aplicação de políticas públicas para a manutenção da qualidade da paisagem; b) no controle das áreas onde ocorre extração mineral e na sua posterior recuperação, em especial quando envolvem riscos de ocorrerem movimentos de massa; c) na recuperação de áreas degradadas e onde há o risco de contaminação dos solos com resíduos sólidos e líquidos, podendo provocar movimentos de massa; d) na manutenção das rodovias e ferrovias, para que não haja o risco de ser interrompido o tráfego, caso haja algum deslizamento; e) no auxílio aos governos locais para se prevenirem contra a ocorrência de deslizamentos e, caso aconteçam, agirem na sua recuperação, sem que haja uma interrupção prolongada das comunicações, através de soluções que atendam às necessidades locais; f) no esclarecimento técnico-científico às autoridades, caso haja algum processo judicial devido à ocorrência de um movimento de massa. Ou seja, Brunsden (1988), conhecido geomorfólogo inglês e com grande contribuição aos estudos relativos aos movimentos de massa e à Geomorfologia, como um todo também, mostra-nos como esse ramo de conhecimento pode dar uma contribuição efetiva nesse tipo de problema que tanto tem afetado várias partes do mundo e o Brasil, em especial.

Brunsden destaca ainda a ausência, em muitos países, de uma legislação específica que obrigue o Poder Público a fazer uma previsão da ocorrência de movimentos de massa. Na maioria das vezes, as autoridades locais não têm conhecimento quanto à prevenção de tais processos geomorfológicos catastróficos. Dessa forma, o referido autor aponta a necessidade de o geomorfólogo dar a sua contribuição para que possam ser elaborados mapas de predição da ocorrência de tais eventos, de forma que as autoridades e a sociedade como um todo possam se acautelar para que tais processos não cheguem a acontecer ou, caso ocorram, pelo menos que a população possa ser avisada com antecedência para que não haja vítimas fatais, ou seja, é uma boa maneira de a Geomorfologia contribuir para a criação de um sistema de alerta a movimentos de massa.

As encostas possuem uma evolução natural, mas nos ambientes que o homem ocupa e, na maioria das vezes, provoca grandes transformações, praticando extração mineral, construindo rodovias, ferrovias, casas e prédios, ruas, represas, terraços etc., são produzidas encostas artificiais, podendo abalar o equilíbrio anterior à ocupação humana. Guerra (2005) chama a atenção para a necessidade de haver um maior relacionamento entre a Geomorfologia e a Engenharia, no sentido de os geomorfólogos fornecerem subsídios aos engenheiros, pois, apesar de estes últimos terem um conhecimento sobre a mecânica dos solos e das rochas, falta-lhes na maioria das vezes o conhecimento dos processos envolvidos na evolução das encostas, podendo ser provocados movimentos de massa, em virtude de algum tipo de intervenção, mesmo que sejam empregadas técnicas relevantes da Engenharia. Esse trabalho, em conjunto, poderia resultar em melhores perspectivas para a estabilidade das encostas transformadas, em especial pelas abordagens distintas dos geomorfólogos e dos engenheiros, mas que, nesse tema de grande importância para a sociedade, se complementam. Ou seja, um bom número de desastres poderia ser evitado com essa forma de lidar com um tema sobre o qual a Geomorfologia tem grande conhecimento, apesar de sua aplicação ainda ser pequena, levando-se em conta a ocupação indiscriminada de muitas encostas, e isso é bem conhecido de todos nós. O número de perda de vidas humanas, bem como de danos materiais, será bem reduzido, caso isso venha a ocorrer de fato (**Figuras 29 e 30**).

Figura 29 — Cicatriz de um movimento de massa ocorrido dentro do Parque Nacional da Tijuca (Rio de Janeiro).
Foto Ary Maciel.

Figura 30 — Cicatriz de um deslizamento ocorrido na cidade de Petrópolis (Rio de Janeiro).
Foto A.J.T. Guerra.

4.11. GEOMORFOLOGIA APLICADA AOS ESTUDOS DA EROSÃO DOS SOLOS

A Geomorfologia tem sido fundamental nos estudos relacionados à erosão dos solos. Na verdade, é praticamente impossível diagnosticar e prognosticar a erosão dos solos de uma determinada área sem levar em consideração a Geomorfologia, na medida em que analisa formas de relevo e processos associados, ou seja, exatamente o que o estudo da erosão dos solos faz. Nesse sentido, diversos são os autores que abordam esse ramo de conhecimento com essa perspectiva (Cooke e Doornkamp, 1977 e 1990; Small e Clark, 1982; Merritt, 1984; Poesen, 1984; Cooke *et al.*, 1985; Hadley, *et al.*, 1985; Abrahams, 1986; Young e Saunders, 1986; Parsons, 1988; Selby, 1990 e 1993; Goudie, 1990 e 1995; Gerrard, 1992; Hassett e Banwart, 1992; Ollier e Pain, 1996; Goudie e Viles, 1997; Baccaro, 1999; Oliveira, 1999; Cunha e Guerra, 2003; Christofoletti, 2005; Guerra, 1999, 2002, 2003 e 2005; Almeida e Guerra, 2004; Fullen e Catt, 2004; Guerra e Mendonça, 2004; Marçal e Guerra, 2004; Oliveira e Herrmann, 2004; Morgan, 2005).

Entre esses autores, Goudie (1995) relata muito bem que o volume total de erosão que ocorre numa encosta é o resultado de processos geomorfológicos que incluem a ação das gotas de chuva e o escoamento superficial difuso e concentrado, que, por sua vez, dependem de uma série de fatores que englobam a erosividade da chuva, a erodibilidade dos solos, as características das encostas, a cobertura vegetal e o uso e manejo do solo.

Fullen e Catt (2004) abordam muito bem as conseqüências sérias para a humanidade que a erosão dos solos pode causar. Os autores destacam que, se os solos agrícolas continuarem a ser degradados através da erosão, poluição química, acidificação, salinização, perda de nutrientes e redução dos teores de matéria orgânica, como a produção de alimentos, fibras e combustíveis, os quase 9 bilhões de habitantes esperados para meados do século XXI poderão ser sustentados? Além disso, Fullen e Catt apontam como os conhecimentos geomorfológicos poderiam ser empregados nos estudos erosivos no sentido de evitar que tais processos continuem a ser responsáveis pela degradação dos solos em vastas áreas do planeta.

A perda de solo de uma encosta está intimamente relacionada com as características da chuva, em parte devido à energia que as gotas têm em destacar (*detachment*) as partículas, quando batem na superfície do solo, e em parte em relação à sua contribuição ao volume de água no escoamento superficial (*run off*) (**Figura 31**) (Parsons, 1988; Selby, 1990 e 1993; Goudie, 1990 e 1995; Goudie e Viles, 1997; Oliveira, 1999; Guerra, 1999, 2002, 2003 e 2005; Fullen e Catt, 2004; Morgan, 2005).

As taxas de erosão estão bastante relacionadas às características das encostas, e isso pode ser muito facilmente observado se levarmos em conta que, à medida que as encostas tornam-se mais longas, maior é o volume de água que se acumula durante o escoamento superficial. A declividade pode ser um fator importante, mas não há necessariamente uma correlação positiva à medida que a declividade aumenta, porque a literatura rela-

Figura 31 — Escoamento superficial concentrado, ocorrido na área rural do município de Palmas (Tocantins), durante um evento chuvoso. Foto A. J. T. Guerra.

CONCEITOS, TEMAS E APLICAÇÕES

cionada a esse fator mostra, através de vários exemplos, que em encostas muito íngremes a erosão pode diminuir devido ao decréscimo de material disponível (Morgan, 1986 e 2005). Luk (1979), após ter testado vários solos na região de Alberta, no Canadá, chegou à conclusão de que os solos com maior erodibilidade eram aqueles situados em encostas com 30° de declividade. Já Poesen (1984) demonstrou que em encostas mais íngremes pode ocorrer maior infiltração, devido à menor formação de crostas na superfície do terreno, aumentando, dessa forma, a porosidade dos solos e diminuindo, conseqüentemente, o escoamento superficial.

A forma das encostas possui um papel altamente relevante para a compreensão dos processos erosivos. Vários pesquisadores têm enfatizado esse papel na Geomorfologia (Lewin, 1966; Small e Clark, 1982; Hadley *et al.*, 1985; Brook e Marker, 1988; Parsons, 1988; Goudie, 1990 e 1995; Selby, 1990 e 1993; Guerra, 2002, 2003 e 2005; Fullen e Catt, 2004; Guerra e Mendonça, 2004; Morgan, 2005).

Apesar de as formas das encostas poderem ser examinadas separadamente, na prática os processos geomorfológicos dominantes operam sobre essas superfícies, devido a outros fatores, como clima, geologia, cobertura vegetal, uso e manejo do solo. A propósito disso, Small e Clark (1982) destacam algumas características das encostas em relação aos processos operantes, apontando, por exemplo, que em regiões úmidas os segmentos retilíneos das encostas são muito importantes. Tais segmentos ocupam, geralmente, a parte central mais íngreme do perfil, formando paredões abruptos de relevo acentuado, com rocha resistente ao intemperismo, ou então áreas de perfil, com encostas controladas por processos típicos de baixa declividade. As encostas de forma convexa são características de processos de *creep* (rastejamento), erosão por *splash* (salpicamento) e dispersão de fluxos, com lavagem da superfície do terreno. Já as concavidades são associadas tanto à erosão como à deposição, causadas pela água (Guerra, 2005).

A contribuição dos conhecimentos geomorfológicos poderia diminuir bastante os efeitos danosos aos solos e ao meio ambiente como um todo, produzidos, principalmente, pela agricultura e pela pecuária. Segundo Queiroz Neto (2003), "a agricultura, a mais antiga atividade econômica da humanidade, vem sendo acusada de agredir o ambiente por meio da destruição da vegetação, degradação e poluição dos solos, lançamento de produtos tóxicos nos mananciais e corpos d'água, ameaças à biodiversidade etc.".

O referido autor destaca ainda que "a erosão dos solos agrícolas é, sem dúvida, a degradação mais espetacular, por ser visível e facilmente detectável".

Como a Geomorfologia procura entender as formas de relevo e os processos associados, os seus conhecimentos poderiam ser mais bem empregados no uso mais racional dos solos, evitando danos tanto no local onde as atividades rurais são praticadas, como em áreas mais afastadas. A propósito, Guerra e Mendonça (2004) apontam que "os processos erosivos acelerados causam prejuízos ao meio ambiente e à sociedade, tanto no local (*onsite*), onde os processos ocorrem (**Figura 32**) como em áreas próximas ou afastadas (*offsite*). Os efeitos *onsite* incluem diminuição da fertilidade dos solos, afetando o crescimento das plantas, bem como uma diminuição da capacidade de retenção de água nos solos. Os efeitos *offsite* devem-se ao escoamento de água e sedimentos, causando danos em áreas agrícolas afastadas ou contíguas àquelas onde a erosão esteja ocorrendo, mudanças negativas ao meio ambiente, bem como danos relacionados a enchentes, assoreamento de rios, lagos e reservatórios, contaminação de corpos líquidos etc.".

Figura 32 — Monitoramento de uma voçoroca, em uma plantação de laranja, no município de Sorriso (Mato Grosso).
Foto A.J.T. Guerra.

4.12. GEOMORFOLOGIA APLICADA ÀS LINHAS DE TRANSMISSÃO DE ENERGIA ELÉTRICA

As torres de transmissão de energia elétrica podem causar sérios impactos ambientais relacionados à erosão dos solos (**Figura 33**), bem como a movimentos de massa, que podem ser ocasionados pelo desmatamento que é necessário para a instalação das torres de transmissão de energia. Além disso, há necessidade de algumas pequenas estradas serem construídas para a manutenção permanente que existe, ao longo das linhas de transmissão. Esse tipo de atividade econômica tem causado uma série de impactos no Brasil e no mundo, em função de, na maioria das vezes, não serem levadas em conta as propriedades químicas e físicas dos solos onde as torres são construídas, bem como outras características das encostas, distribuição pluviométrica, cobertura vegetal etc., que são importantes no desencadeamento desses processos geomorfológicos (Small e Clark, 1982; Parsons, 1988; Goudie, 1990 e 1995; Selby, 1990 e 1993; Guerra, 2002, 2003 e 2005; Morgan, 2005).

Figura 33 — Vista parcial de uma voçoroca próxima da torre 361 (II circuito), ao fundo, no município de Guabiruba (Santa Catarina).
Foto Sergio Luiz Lopes.

Na maioria das vezes, as linhas de transmissão de energia seguem traçados mais ou menos retilíneos, sem considerar riscos a processos erosivos e a movimentos de massa, no percurso das torres que são instaladas. Estudos geomorfológicos, realizados anteriormente à colocação dessas torres, podem ser de grande importância para se evitar que tais processos venham a ocorrer. Além disso, esses estudos podem acontecer, ao longo do tempo, à medida que as linhas de transmissão existam, bem como os processos erosivos devem ser monitorados, quando acontecerem, com o objetivo de serem propostas formas para recuperação dessas áreas degradadas, de maneira que não venham a causar problemas para as próprias torres, como também para as populações que porventura venham a residir nas proximidades das torres e das linhas de transmissão, ou que, mesmo se situando afastadas delas, possam ser atingidas por processos de assoreamento de canais e reservatórios, em função do transporte dos sedimentos, que pode ser feito a longa distância, como é conhecido o efeito *offsite* do processo erosivo, já citado neste capítulo.

Goudie (1995) aponta com muita propriedade o risco da ocorrência dos processos erosivos, quando há uma mudança substancial da cobertura vegetal primitiva, de uma dada região, causada por alterações no uso da terra. A implementação das linhas de transmissão de energia é um exemplo bem característico dessas mudanças na cobertura vegetal, ao longo de uma reta, muitas vezes por centenas de quilômetros. Como destaca Goudie (1995), é de grande importância avaliar o aumento das taxas de erosão causadas pelo desmatamento, e é esse justamente o caso das linhas de transmissão de energia. As florestas protegem os solos situados nesses ambientes dos efeitos do impacto direto das gotas de chuva, bem como do escoamento superficial. Com a instalação das linhas de transmissão, não é mais possível deixar a cobertura vegetal densa, o que poderia causar problemas para os cabos de alta-tensão. Conseqüentemente é necessário diagnosticar quais problemas surgem a partir dessa mudança de cobertura vegetal, bem como propor que formas de proteção devem ser feitas para que os processos de erosão acelerada deixem de existir, bem como sejam evitados os movimentos de massa, que podem comprometer a própria estrutura instalada.

Como aponta Hart (1986), a Geomorfologia pode ser aplicada a uma gama bem variada de setores, e um deles se refere às linhas de transmissão de energia. Os problemas relacionados ao manejo dessas áreas atingidas por esses empreendimentos devem ser analisados com muita cautela pela Geomorfologia, na medida em que vai procurar entender quais os tipos de mudanças que ocorreram na cobertura vegetal, bem como nas encostas onde foram colocadas as torres e nos solos que sofreram todos esses tipos de impacto. Hart (1986) destaca ainda que o manejo ambiental adequado dessas áreas requer um entendimento completo dos sistemas geomorfológicos atingidos, que pode ser proporcionado pela Geomorfologia, assim como outras ciências, trabalhando em conjunto, para não só compreender e diagnosticar danos que estejam ocorrendo, mas principalmente para prognosticar danos no sentido de evitá-los.

Um outro aspecto importante em relação às linhas de transmissão de energia é que se as mesmas forem construídas com capacidade acima de 230kw será necessário que sejam feitos um Estudo de Impacto Ambiental e a apresentação do respectivo Relatório de Impacto Ambiental, que certamente deverão contemplar estudos geomorfológicos, no que se refere ao Meio Físico do EIA-RIMA, ou seja, à nossa legislação, que, se bem aplicada, por si só já seria suficiente para evitar, ou pelo menos mitigar, danos que porventura sejam causados pela passagem das linhas de transmissão de energia.

O sistema elétrico brasileiro é formado principalmente por grandes usinas hidrelétricas e, como destacam Carrera-Fernandez e Garrido (2003), elas "dependem fortemente da base de recursos hídricos do país e apresentam uma componente sazonal bastante significativa. Em conseqüência, o mercado de energia terá, necessariamente, que levar em consideração as incertezas relacionadas à dependência da disponibilidade de água dos sistemas hídricos". Essa disponibilidade de águas não se restringe apenas ao regime climático das áreas abastecedoras, mas também das características pedológicas, hidrológicas e geomorfológicas das bacias hidrográficas, onde os recursos hídricos estão disponíveis. Essa é mais uma situação em que a Geomorfologia pode, juntamente com outras áreas de conhecimento, ser aplicada à utilização dos recursos hídricos voltados para a produção de energia elétrica.

Como afirmam Garcia e Guerra (2003), a capacidade atual de geração de energia, no Brasil, é de 59.100 megawatts, 95% dos quais são oriundos de energia hidrelétrica. O país possui um grande potencial para gerar energia hidrelétrica a fim de suprir sua população. Os autores apontam ainda que a construção de uma usina hidrelétrica pode provocar uma série de impactos ambientais, bem como a transmissão da energia produzida pelas linhas de transmissão. Para os projetos terem sucesso e não causarem grandes impactos ambientais, tanto na fase de produção de energia como na de transmissão, é preciso respeitar as limitações e as potencialidades do meio físico. Para tal, o conhecimento detalhado do relevo, por onde as linhas de transmissão passam, pode ser de grande valia no sentido de não serem causados danos ambientais, como tem acontecido em várias partes do país.

4.13. GEOMORFOLOGIA APLICADA À RECUPERAÇÃO DE ÁREAS DEGRADADAS

Assim como a Geomorfologia tem um papel fundamental no diagnóstico, possui também grande relevância na recuperação das áreas degradadas. Essas áreas ocupam sempre alguma porção de uma encosta, o topo de uma chapada, o fundo de um vale, a margem de um rio, parte de uma praia ou restinga, alguma falésia, enfim, alguma porção do relevo terrestre que foi afetada por um dano ambiental, provocado pelo homem ou por causas naturais. Ou seja, o objeto das obras de recuperação é uma parte do relevo terrestre, que possui um ou mais de um tipo de solo e/ou substrato rochoso e/ou formações rochosas superficiais, forma, comprimento, largura, profundidade, presença ou não de muita ou pouca água (todos esses parâmetros interagindo), enfim, tudo aquilo que o geomorfólogo trabalha no seu cotidiano, enquanto pesquisador, professor universitário, técnico de uma empresa pública ou privada, consultor etc.

Nesse sentido, a Geomorfologia, por se preocupar em compreender o relevo terrestre, palco onde os processos de degradação ocorrem, pode dar uma contribuição efetiva, quando utilizada não só no seu diagnóstico, como nos projetos voltados para a sua recuperação. A intervenção humana ocorre em todos os níveis, tendendo, em muitos casos, à degradação ambiental, necessitando, sempre que possível, de obras de recuperação. A propósito, Mantovani (2003) destaca que "entre os biomas terrestres há problemas comuns que podem levar à degradação, ressaltando-se a sua substituição por culturas monoespecíficas ou pecuária, com a diminuição da diversidade biológica e, como conseqüência, a do uso potencial de recursos contidos nas espécies. Em geral, essas atividades acarretam aumento dos processos erosivos, agravados pela existência de solos arenosos, topografia acidentada e precipitações elevadas, além de promoverem a destruição de hábitats". O referido autor aponta ainda que "na substituição dos biomas por outros sistemas agrícolas ou urbanos são perdidas, também, importantes funções de equilíbrio que os biomas exercem no ambiente, seja na proteção do solo, na manutenção dos ciclos hidrológicos, no tamponamento dos efeitos dos fatores físicos do ambiente sobre a superfície da terra, seja a radiação solar, a temperatura, a precipitação e a ação de ventos", ou seja, tudo aquilo que o geomorfólogo utiliza como ferramentas de trabalho, tanto nas suas pesquisas básicas como na aplicação desses conhecimentos nos projetos de recuperação de áreas degradadas (**Figura 34**).

A necessidade crescente do envolvimento da Geomorfologia, tanto em nível de planejamento como em nível de recuperação de áreas degradadas, caso tenham sido omitidos os conhecimentos geomorfológicos, nos

Figura 34 — Recuperação de uma área degradada, no estado do Mississipi (Estados Unidos), através da plantação de espécies arbustivas, no meio de um pasto que funciona como zona tampão (*buffer zone*).
Foto A.J.T. Guerra.

estágios iniciais da ocupação de uma parte da superfície terrestre, tem sido cada vez mais exemplificada. Hooke (1988), por exemplo, afirma que tem sido demonstrada, cada vez mais, a importância da utilização dos conhecimentos geomorfológicos em projetos de recuperação de áreas degradadas, onde a ocupação de encostas instáveis com a construção de casas e prédios possa criar problemas relacionados a deslizamentos (**Figura 35**). Além disso, os geomorfólogos possuem conhecimento suficiente para levar em conta não apenas os efeitos no próprio local onde ocorrem os danos ambientais (*onsite*), mas também aqueles que acontecem próximos, ou mesmo afastados, da área que foi atingida (*offsite*). Isso é muito comum, quando os impactos acontecem em alguma bacia hidrográfica, porque o material é transportado pelos canais fluviais, podendo causar assoreamento em áreas situadas mais a jusante. Ou seja, a recuperação, na maioria dos casos, não deverá levar em conta apenas a área atingida, mas também áreas afastadas, que sofrem alguma forma de impacto ambiental.

Figura 35 — Construção de um grande muro de arrimo, em Petrópolis (Rio de Janeiro), para conter o surgimento de novas cicatrizes, resultantes de movimentos de massa. Note-se o risco das casas situadas a montante, apesar da construção do muro.
Foto A.J.T. Guerra.

CONCEITOS, TEMAS E APLICAÇÕES

Existe uma grande massa de dados empíricos obtidos através de monitoramentos de campo, com utilização de fotografias aéreas e imagens de satélites, enfim, dados esses que têm sido de grande utilidade na compreensão dos processos geomorfológicos, bem como na recuperação das áreas degradadas. Mas, como afirma Goudie (1995), permanecem ainda alguns problemas quanto à utilização dessa grande massa de dados, disponíveis na literatura específica. Além disso, existem ainda muitos processos e muitos ambientes, para os quais os dados de que dispomos são ainda incompletos ou de difícil compreensão e, conseqüentemente, de difícil utilização nos projetos de recuperação de áreas degradadas, e o geomorfólogo deve estar ciente disso. Não obstante, devemos continuar estudando essas áreas para que, através do maior conhecimento dos processos atuantes, bem como das suas diversas características, possamos empregar esses dados não só preventivamente, mas quando algum tipo de dano ambiental venha a ocorrer e os conhecimentos geomorfológicos possam ser utilizados em conjunto com a Engenharia e a Geologia, por exemplo.

Uma outra forma de atuar na recuperação de áreas degradadas refere-se ao trabalho em conjunto com outros profissionais. É o caso, por exemplo, da recuperação de áreas atingidas por voçorocas na Floresta Nacional de Sumter, na Carolina do Sul, nos Estados Unidos, onde os geomorfólogos atuaram em conjunto com engenheiros florestais e tiveram sucesso na recuperação dessa Floresta Nacional, através do monitoramento inicial das voçorocas e na proposição de medidas para estancar o processo erosivo, em combinação com técnicas utilizadas para aumentar as taxas de infiltração de água nos solos, com reflorestamento e emprego de fertilizantes, espécies nativas, capim, emprego de matéria orgânica etc., conseguindo parar o processo erosivo acelerado, recuperando uma área protegida, como a Floresta Nacional de Sumter (Law e Hansen, 2004).

Fullen e Catt (2004) destacam que para evitar o *runoff* e a erosão é importante limitar a declividade final em qualquer superfície que foi recuperada. Isso, segundo os dois autores, pode parecer reconstruir algo muito semelhante às curvas de nível originais do local recuperado, mas em regiões colinosas e montanhosas é quase sempre possível criar superfícies planas, que possam ser utilizadas pelas atividades agrícolas, com declividades que variam de 1º a 1,5º. Isso minimiza os efeitos erosivos e previne contra o desenvolvimento do acúmulo de água, à medida que facilita a drenagem lateral, através da infiltração da água na nova cobertura de solo.

5. CONCLUSÕES

Este capítulo procurou abordar as várias formas como a Geomorfologia, ciência que vem ganhando corpo e forma ao longo das últimas décadas, pode dar sua contribuição efetiva na compreensão da dinâmica do relevo terrestre, o que tem feito há muito mais tempo, bem como no diagnóstico de áreas impactadas e na sua recuperação. Além disso, um ramo que vem ganhando força, a partir de todo o desenvolvimento do arcabouço teórico-conceitual e metodológico, bem como das técnicas empregadas para o monitoramento dos processos geomorfológicos, bastante auxiliadas pelos avanços da informática e pelos satélites, que produzem as imagens com detalhes cada vez maiores da superfície terrestre, é a Geomorfologia Ambiental o principal objetivo deste livro.

Não podemos deixar de destacar aqui o seu papel também na prevenção da ocorrência de danos ambientais, a partir de estudos experimentais, em várias partes do mundo, tendo tido um grande avanço no Brasil, em especial nas últimas duas décadas, a partir da criação e consolidação de diversos Programas de Pós-Graduação, onde monografias de graduação, dissertações de mestrado e teses de doutorado têm sido desenvolvidas, apoiadas, na maioria dos casos, por programas de agências estaduais de amparo à pesquisa, bem como do CNPq, através de Editais Universais e outras formas de apoio ao desenvolvimento da pesquisa geomorfológica. Uma série de eventos científicos tem sido organizada, onde esses estudos têm sido divulgados e discutidos de maneira interdisciplinar com pesquisadores oriundos de várias áreas de conhecimento, ampliando a sua difusão, bem como o seu avanço. Destacamos também o Simpósio Nacional de Geomorfologia e o Simpósio Nacional de Geografia Física Aplicada, ambos com vários anos de existência.

Diversas são as ciências que têm o seu papel no diagnóstico, prognóstico e recuperação de áreas degradadas. A Geomorfologia, por tratar do relevo, seus processos formadores, sua evolução, suas formas e os materiais constituintes dessas formas, tem muito a contribuir nesse sentido, podendo, através dos seus conhecimentos, proporcionar uma melhor qualidade de vida à população, bem como auxiliar na manutenção do equilíbrio dos ambientes naturais e daqueles transformados pelo homem.

A vasta bibliografia, nacional e internacional, aqui apresentada e encontrada no final deste livro, tem por objetivo disponibilizar a todos que estejam interessados em verticalizar na temática deste livro ou entender melhor uma variedade de assuntos aqui abordados. Grande parte dessa bibliografia está disponível em diversas universidades brasileiras, bem como na biblioteca do Lagesolos (Laboratório de Geomorfologia Ambiental e Degradação dos Solos), ligada ao Departamento de Geografia da Universidade Federal do Rio de Janeiro.

Neste capítulo procurou-se mostrar não só o que é a Geomorfologia Ambiental, mas um histórico de sua evolução, alguns conceitos envolvidos, bem como uma gama variada de temas e aplicações que esse ramo de conhecimento pode proporcionar a toda sociedade. Não pretendemos neste capítulo esgotar o assunto, bem como não foram incluídas todas as aplicações da Geomorfologia, mas sim alguns exemplos, daqueles mais comumente empregados pelos cientistas e pela sociedade. Esperamos estar dando nossa contribuição a todos aqueles que atuam em questões ambientais, quer seja por meio de Universidades, Poder Público, ONGs, Centros de Pesquisa, Sindicatos, Empresas Públicas e Privadas, Escritórios de Consultoria, enfim, a todos que queiram se utilizar da Geomorfologia em projetos que ajudem a melhorar as condições do meio físico, como um todo e, conseqüentemente, da sociedade que vive nele, utiliza-se dele e deve conviver em harmonia para que não ocorram impactos ambientais que atinjam o meio físico e às populações que aí residem. Com isso, esperamos também estar dando a nossa contribuição, enquanto cientistas e cidadãos, à melhoria da qualidade de vida da população brasileira como um todo. Trata-se de um trabalho inicial, mas que pretendemos dar andamento e aprofundamento teórico-conceitual, metodológico e aplicado, através dos projetos desenvolvidos no âmbito da UFRJ, bem como dos convênios que temos assinado com o CNPq, FAPERJ, IBAMA, Ministério Público Estadual, União Européia e outros. Acreditamos que além de estar contribuindo com esses órgãos, através dos projetos desenvolvidos em parceria, estamos também tendo a possibilidade de avançar nossos conhecimentos em um campo de saber ainda pouco explorado no Brasil e que pode ser de grande valia para melhorar a qualidade de vida da sociedade brasileira.

CAPÍTULO 3

GEOMORFOLOGIA E UNIDADE DE PAISAGEM

1. INTRODUÇÃO

Nos últimos tempos, tem-se tornado marcante o processo de conscientização e compreensão, pelo homem, do estado de desequilíbrio social, cultural, econômico e, sobretudo, ambiental. À medida que essa consciência se revela, crescem a necessidade e a possibilidade de se superarem os problemas, tornando-se cada vez mais claro que os desequilíbrios se caracterizam pelas diversas formas como a sociedade relaciona-se com o meio ambiente. A preocupação com a questão ambiental e social pode ser traduzida pela busca do equilíbrio no relacionamento entre os vários componentes que o meio natural estabelece entre si e a sua capacidade de responder aos diferentes distúrbios que lhe são impostos pelas formas de atividade da sociedade sobre a natureza.

O aumento crescente dos problemas ambientais tem levado a comunidade científica a conduzir seus trabalhos na busca de soluções para os impactos ambientais provocados pela sociedade sobre o espaço ocupado. Por conta disso, talvez um dos maiores desafios para as ciências, na atualidade, seja o de ajustar suas metodologias, ou redirecionar suas ações, na tentativa de apontar mecanismos e possíveis respostas que possam levar a soluções, que, no mínimo, orientem a forma adequada de planejar, recuperar ou conservar as diversidades de paisagens da superfície terrestre.

Leff (2001), em sua publicação sobre a epistemologia ambiental, ressalta que a problemática ambiental gerou mudanças globais nos sistemas socioambientais complexos, afetando as condições de sustentabilidade do planeta, conduzindo à necessidade de internalizar as bases ecológicas e os princípios jurídicos e sociais para a gestão democrática dos recursos naturais. De acordo com esse autor, os processos estão intimamente vinculados ao conhecimento das relações sociedade-natureza: "Não só estão associados a novos valores, mas a princípios epistemológicos e a estratégias conceituais que orientam a construção de uma racionalidade produtiva sobre bases de sustentabilidade ecológica e de eqüidade social. Dessa forma, a crise ambiental problematiza os paradigmas estabelecidos do conhecimento e demanda novas metodologias capazes de orientar um processo de reconstrução do saber que permita realizar uma análise integrada da realidade." Leff (2001) afirma ainda que a análise da questão ambiental exige uma visão sistêmica e um pensamento holístico para a reconstituição de uma realidade "total", propondo um projeto para pensar as condições teóricas e estabelecer métodos que orientem as práticas da interdisciplinaridade.

Sob essa orientação, este capítulo pretende destacar a importância da Geomorfologia no contexto da análise ambiental e sua importância nos aspectos metodológicos para estudos voltados à questão ambiental. Como embasamento teórico-conceitual discute-se a evolução da expressão *paisagem e unidade de paisagem* no âmbito das escolas de Geografia Física, mostrando que sua abordagem varia de acordo com o horizonte epistemológico em que está enquadrado. O dimensionamento da paisagem evolui para a definição de unidade de paisagem, concebida hoje como uma orientação metodológica importante para os estudos e planejamentos ambientais. Posteriormente, enfatiza-se o papel relevante que a Geomorfologia exerce como parâmetro de classificação da paisagem, considerando a sua abordagem de integração na relação entre o fenômeno investigado e a escala a ser representada.

2. GEOMORFOLOGIA NO CONTEXTO DA ANÁLISE AMBIENTAL

Neste item, é apresentada a importância da evolução da abordagem sistêmica na compreensão, organização e inter-relação dos sistemas naturais, sociais e econômicos na análise ambiental, destacando-se a inserção dos estudos geomorfológicos nessa perspectiva metodológica.

A busca da compreensão das várias formas de relacionamento entre os diversos componentes e fenômenos da natureza, frente às grandes variações a ela impostas, levou as ciências nos últimos três séculos a conhecerem importantes progressos no esforço de descrever o universo físico e ambiental em que vivemos. Inicialmente, a compreensão dos fenômenos se voltava para a regularidade, estabilidade e permanência, reduzindo o conjunto dos processos naturais a um pequeno número de leis imutáveis, inseridas em uma abordagem analítica ou reducionista da natureza. A necessidade de compreensão dos fenômenos naturais frente às incertezas e às irregularidades, em um segundo momento, encaminharam os estudos da natureza, em uma ótica mais complexa, a compreendê-la de maneira não fragmentada, considerando a sua dinâmica e levando ao entendimento do todo de forma sistêmica, conhecida como uma abordagem holística da natureza. O surgimento de novas técnicas de análises científicas, a partir do século XX, ajudou a entender que os elementos da natureza, além de relacionarem-se entre si, formam também um todo unitário complexo. Dessa premissa, evoluíram os estudos referentes aos estados uniformes e fenômenos rítmicos. Com o passar do tempo, em um terceiro momento, passou-se a compreender que os sistemas que compõem a natureza e os socioeconômicos possuem comportamentos irregulares e complexos e que suas relações podem ser previsíveis ou não. Essa abordagem, além de se caracterizar como holística, leva em consideração que os sistemas dinâmicos, complexos e não lineares abordam a grande diversidade dos elementos, com vários graus de liberdade quanto ao comportamento destes. A possibilidade de ruptura, irreversibilidade, imprevisibilidade das mudanças e de auto-regulação dos sistemas abertos leva a entender que não há equilíbrio, mas, sim, estado de relativa estabilidade, que é temporal onde a energia permanece relativamente estável. Em todos os campos das ciências descobriram-se processos evolutivos que davam origem à diversificação e à complexidade crescente e de forma não linear e caótica (Gregory, 1992; Capra, 1996; Gondolo, 1999; Christofolletti, 1999; Camargo, 2002; Coelho, 2004; Christofolletti, 2004).

A teoria dos sistemas foi criada em 1968 pelo biólogo Ludwig Von Bertalanffy com o propósito de constituir-se em um amplo campo teórico e conceitual, levando a uma noção de mundo integradora, a respeito da estrutura, organização, funcionamento e dinâmica dos sistemas (Gondolo,

1999; Camargo, 2002). Para as ciências, em geral, constituiu-se na mudança do pensamento reducionista para o pensamento holístico ou sistêmico (Christofoletti, 2004). Para a Geografia, a abordagem sistêmica possibilita a utilização de uma metodologia que abrange cronologia, métodos quantitativos e atividades humanas, destacando as relações entre as características dos elementos e as relações entre o meio ambiente e as características desses mesmos elementos (Gregory, 1992).

De acordo com Christofoletti (1999), o conceito de sistema foi introduzido na Geomorfologia por Chorley, em 1962, sendo incorporado por vários outros pesquisadores em abordagens diferenciadas. Os sistemas caracterizam-se através de várias propriedades gerais, independentemente de seu tamanho, grau de complexidade e taxonomia, em que Chorley e Kennedy (1971, *in* Christofoletti, 1999) salientaram o aspecto conectivo do conjunto, formando uma unidade. No entanto, em meados da década de 1980, o estudo de sistemas complexos passou a ser considerado como uma importante revolução na ciência, disseminando-se em vários ramos científicos, definido por Christofolletti (1999) "como compostos por grande quantidade de elementos interatuantes, capazes de intercambiar informações com seu entorno condicionante e também capazes de adaptar sua estrutura interna como sendo conseqüências ligadas a tais interações". Entende-se que grande parte da natureza é um todo complexo, não linear, comportando-se como sistemas dinâmicos e caóticos.

O termo geossistema aparece para expressar a conexão entre natureza e sociedade, sendo introduzido na literatura geográfica pelo soviético Sotchava, em 1962 (Guerra e Guerra, 2003). Os geossistemas correspondem ao resultado da combinação dos fatores geomorfológicos, climáticos, hidrológicos e da cobertura vegetal, podendo influir fatores sociais e econômicos, e, por serem processos dinâmicos, podem ou não gerar unidades homogêneas internamente e associam-se à idéia de organização do espaço com a evolução da natureza (Mendonça, 2001; Camargo, 2002).

Nessa perspectiva, Christofoletti (1991) ressalta que o "sistema ambiental físico compõe o embasamento paisagístico, o quadro referencial para se inserirem os programas de desenvolvimento, nas escalas locais, regionais e nacionais. É também o resultado de uma relação imbricada de diversos fatores que interferem uns sobre os outros e variam no tempo e no espaço". Segundo Christofoletti (1991), a composição do geossistema se dá por elementos topográficos, biogeográficos e pedológicos, que são dinamizados pelos fluxos climáticos, incorporando-se a ação das atividades humanas, que se torna participativa tanto na caracterização como na dinâmica do ambiente. Para o referido autor, o sistema ambiental, em conjunto com o socioeconômico, compõe a paisagem integrada, definindo-se por variações de lugar para lugar, em função da dinâmica da paisagem, que constitui um sistema espacial.

Muitos autores (Bertrand, 1971; Tricart, 1977; Bolós, 1981; Rougerie e Beroutchachvili, 1991; Christofoletti, 1999, entre outros) apontam que para os estudos em Geografia Física, nos últimos anos, a visão geossistêmica, como abordagem metodológica, vem-se caracterizando como seu objetivo fundamental, considerando que os geossistemas correspondem a fenômenos naturais (fatores geomorfológicos, climáticos, hidrológicos e vegetação), porém englobando os fatores econômicos e sociais, que, juntos, representam a paisagem modificada, ou não, pela sociedade. Para tanto, seu estudo requer o reconhecimento e a análise dos componentes da natureza, sobretudo através das suas conexões.

De acordo com Bertrand (1971), a paisagem é concebida como uma certa porção do espaço, resultante da combinação dinâmica e instável de elementos físicos, biológicos e antrópicos, que, reagindo dialeticamente uns sobre os outros, fazem dela um conjunto único e indissociável. Para Christofoletti (1999), a paisagem constitui-se no campo de investigação da Geografia, onde se permite que o espaço seja compreendido como um sistema ambiental, físico e socioeconômico, com estruturação, funcionamento e dinâmica dos elementos físicos, biogeográficos, sociais e econômicos. As relações e distribuições espaciais desses fenômenos são compreendidas na atualidade com o estudo da complexidade, inerente às organizações espaciais (Christofoletti, 2004). Nessa perspectiva, a ciência da paisagem vai corresponder ao encontro entre a ecologia e a geografia, e o geossistema será a projeção do ecossistema no espaço sobre o substrato abiótico (Cruz, 1985, *in* Rougerie e Beroutchachvili, 1991).

Para Bolós (1981), a paisagem, em sua abordagem sistêmica e complexa, será sempre dinâmica e compreendida como o somatório das inter-relações entre os elementos físicos e biológicos que formam a natureza e as intervenções da sociedade no tempo e no espaço, em constante transformação. A autora enfatiza, ainda, que a dinâmica e evolução da paisagem são determinadas por processos políticos, econômicos e culturais. Soares (2001) destaca que a paisagem é composta por características homogêneas, cujos limites ultrapassam as demarcações jurídicas e administrativas, sendo delimitada por elementos naturais, como bacias hidrográficas, e as formas de uso da terra. De acordo com Soares (2001), a identificação de áreas como unidade ambiental e as intervenções por esta sofrida ao longo de sua história conduzem "o estudo da paisagem na aplicação de métodos e técnicas as mais variadas, mas necessários na identificação, classificação, diagnóstico, prognóstico e análise da mesma".

Nessa perspectiva, a Geografia Física caracteriza-se como uma ciência de integração e síntese, pois inclui o ser humano e suas atividades nas análises dos aspectos físicos da natureza (Jardi, 1990). A necessidade de estudos que possam subsidiar o planejamento do ambiente, e que sejam abrangentes e capazes de avaliar a degradação crescente dos recursos naturais, aponta para uma visão holística e integrada do diagnóstico e avaliação das características e funcionamento dos elementos que compõem os sistemas ambientais físicos, sociais e econômicos.

A questão ambiental deve ser trabalhada e dimensionada dentro de uma ótica holística e sistêmica, na qual o comportamento do todo difere do comportamento de suas partes, ou do simples somatório do comportamento das partes (Gondolo, 1999; Camargo, 1999). Para Gondolo (1999), o comportamento complexo da natureza implica não-linearidade, onde quaisquer modificação e alteração do comportamento do sistema podem resultar em respostas múltiplas e também complexas. Gondolo (1999) enfatiza ainda que a evolução dos sistemas não se dá de uma maneira totalmente aleatória, pois estes seguem determinadas leis ou formas de comportamento, identificadas recentemente por vários pesquisadores, permitindo entender como se dá a dinâmica da natureza, que resultará em transformação, auto-organização, dissipação e novamente auto-organização. Gondolo (1999) assinala que é possível, a partir desse olhar, identificar quais os caminhos para implementar ações com melhores resultados à questão ambiental. Para Camargo (1999), a ciência convive hoje com uma revolução contínua de conceitos e de hábitos emergindo em todo o planeta, associando os novos caminhos na procura do entendimento da complexidade, que se apresenta nos processos diários e que suscita a auto-organização criativa, e o acaso como uma nova lógica. O referido autor enfatiza que se faz necessário compreender a natureza e os seus problemas ambientais de forma complexa e integrada, pois sua fragmentação pode conduzir ao "risco de se perderem suas conectividades com o todo, e essas relações podem ser as responsáveis pelas futuras respostas desses fluxos, que se encontram em processo constante de auto-organização. Não se pode separar em partes distintas aquilo que é integrado, que é um padrão em uma teia de relações inseparáveis".

O aumento dos problemas ambientais, principalmente no século XX e início do XXI, vem comprometendo o equilíbrio dos ecossistemas e a manutenção da diversidade biológica. As mudanças que vêm ocorrendo no uso da terra, nesses séculos, repercutem em diversos aspectos ambientais, considerando que ecossistemas inteiros estão sendo degradados em detrimento do crescimento desordenado. A ocupação humana e o crescimento populacional, tanto nos meios rurais quanto urbanos, principalmente nas grandes metrópoles, são responsáveis pelo maior número de processos antrópicos modificadores do ambiente ao longo de sua história. Em quase todo o mundo, a erosão dos solos e a escassez de recursos hídricos vêm preocupando autoridades e habitantes das áreas urbanas e rurais.

A questão ambiental, conforme Cunha e Guerra (2003), tem sido analisada sob diferentes abordagens, em função dos avanços teóricos e conceituais, nos diferentes campos do saber. Para Gondolo (1999), talvez o grande problema no planejamento ambiental esteja no enfoque de como tem sido o questionamento feito para entender os grandes problemas relacionados ao meio ambiente. Segundo a autora, "ao contrário de tentarmos definir quais os fatores que contribuem para a degradação ambiental, devemos inicialmente partir em busca do processo de degradação a que se está sendo submetido e que estrutura o mantém ou colabora para que esses processos perdurem". Existe a necessidade de se estabelecerem tipos mais flexíveis de planejamento que sejam sensíveis às modificações do momento.

Nessa perspectiva, Ross (2003) destaca que o estudo ambiental conduz, necessariamente, ao conhecimento dos aspectos físicos, e a Geomorfologia, como um dos ramos específicos da Geografia Física, possui como objeto de estudo a descrição das formas de relevo e dos processos associados à sua evolução, o que vai conduzir à elaboração de metodologias específicas para análises ambientais. De acordo com o autor, embora os estudos ambientais na Geomorfologia sejam muitos recentes, a relação entre o homem e o meio sempre esteve presente nos estudos geográficos, e a sua abordagem corresponde, de forma bastante satisfatória, ao suporte técnico-científico para a elaboração de Zoneamentos Ambientais e Socioeconômicos, importantes para nortearem as políticas de gerenciamento e planejamento ambientais na esfera governamental. Ross (2003) ressalta ainda que a contribuição da Geomorfologia aos estudos ambientais é representada fundamentalmente a partir da elaboração de mapas, gráficos e tabelas que fornecerão informações socioeconômicas, podendo ser representados por processos informatizados ou não.

Para Marques (2005), nos últimos anos a análise ambiental viabiliza-se por trabalho essencialmente interdisciplinar, não existindo uma disciplina que possa ser tratada como aquela que será sempre a mais importante; no entanto, ressalta que a Geomorfologia ganha espaço, enquanto ciência, por tratar dos aspectos físicos e sociais. Marques (2005) assinala que a definição de Geomorfologia geralmente difere de autor para autor e de escola para escola, em obras diversas, surgindo a denominação mais recente de "geomorfologia aplicada, cujos temas são geomorfologia e problemas ambientais; geomorfologia e o levantamento dos recursos naturais; geomorfologia para o desenvolvimento planejado ou, ainda, geomorfologia antrópica, geomorfologia ecológica, geomorfologia ambiental".

De acordo com Cunha e Guerra (2004), a geomorfologia ambiental busca aliar as questões sociais às da natureza, valorizando o enfoque ecológico e, ao mesmo tempo, sugerindo um papel integrador, incorporando em suas observações e análises as relações político-econômicas, importantes na determinação dos resultados dos processos e mudanças do modelado terrestre, antes e depois da intervenção da sociedade em um determinado ambiente.

Nessa perspectiva, entender a complexidade dos sistemas dinâmicos que compõem a natureza ou, melhor, a paisagem, com toda a sua dinâmica de evolução e transformação imposta pela sociedade ao longo dos anos, constitui-se em um grande desafio. A busca de metodologias que permitam dimensionar a paisagem para se projetarem, ao longo dos anos, um planejamento adequado à realidade imposta e as possibilidades de mudanças aleatórias impostas ao sistema ambiental constitui-se em um desafio ainda maior. A paisagem corresponde ao todo ambiental, e sua abordagem, como conceituação teórico-metodológica, corresponde à compreensão dos estudos ambientais de forma integrada. A identificação de uma unidade ambiental, ou unidade de paisagem, com suas respectivas intervenções sofridas ao longo dos anos pela sociedade, permite a aplicação de métodos e técnicas, necessários à sua análise, proporcionando a sua identificação, classificação, diagnóstico e prognóstico da paisagem.

A Geomorfologia pode ser privilegiada, tendo em vista possuir metodologias e ferramentas de grande importância para as pesquisas ambientais que podem definir e espacializar as interações entre os diferentes componentes do meio natural. As diversas formas do relevo apresentam inter-relação direta com a geologia, solos e hidrografia da área de interesse. Nessa perspectiva, Christofoletti (1980) destaca que a aplicação da teoria dos sistemas aos estudos geomorfológicos representou um grande avanço, pois o conceito de equilíbrio passou a ser entendido como o ajustamento completo das variáveis internas às condições externas, ou seja, as formas surgidas em sistemas ambientais geomorfológicos estão diretamente relacionadas às influências exercidas pelo ambiente, que controla a qualidade e a quantidade de matéria e a energia a fluir pelo sistema.

3. AS DIFERENTES ABORDAGENS DO CONCEITO DE PAISAGEM E UNIDADE DE PAISAGEM

Será apresentada, neste item, uma contribuição no sentido de se entenderem e ordenarem as diferentes abordagens e orientações teórico-metodológicas que o conceito de paisagem e unidade de paisagem adquiriu ao longo dos últimos dois séculos, no âmbito das escolas de Geografia Física. A intenção não é fazer uma análise detalhada a respeito do tema, mas discutir e apresentar as características dos principais trabalhos e autores relacionados às diferentes abordagens relativas à paisagem e unidade de paisagem, mostrando que seu conceito tem sido alvo de muitas interpretações ao longo do tempo.

3.1. Conceitos de Paisagem e de Paisagem Integrada

O conceito de paisagem tem sido muito discutido, ao longo dos últimos anos, por vários autores, que em geral relacionam a origem do termo a período mais clássico de sua interpretação, evoluindo para análises mais modernas e chegando ao conceito mais recente de Paisagem Integrada. Troll (1997) assinala que a origem do termo *paisagem* é bem mais remota do que inicialmente se pode imaginar, sendo empregado há mais de mil anos por meio da palavra alemã *landschaft* (paisagem), que desde então sofreu uma evolução lingüística muito significativa.

Para Venturi (2004), as premissas histórico-lingüísticas do conceito de paisagem surgem por volta do século XV, no Renascimento, quando ocorre um evidente distanciamento entre o homem e a natureza, e a possibilidade de domínio técnico suficiente para poder apropriar-se e transformá-la. De acordo com Venturi (2004), o século XIX marcou a transformação do conceito de paisagem, com os naturalistas alemães dando-lhe um significado científico, transformando-se em conceito geográfico (*landschaft*) derivando-se em paisagem natural (*naturlandschaft*) e paisagem cultural (*kulturlandschaft*). Mais recentemente, a perspectiva de análise integrada do sistema natural e a inter-relação entre os sistemas naturais, sociais e econômicos vêm dando um novo redirecionamento e interpretação ao conceito de paisagem.

Nessa perspectiva, ressalta-se também que os conceitos de paisagem variam de acordo com as perspectivas de análise, da abordagem e das orientações teórico-metodológicas das várias disciplinas e escolas preocupadas com sua compreensão. O conceito de paisagem pode variar da abordagem estético-descritiva a uma abordagem mais científica. A primeira está mais relacionada a sua gênese, onde surgem e culminam as primeiras idéias físico-geográficas sobre os fenômenos naturais, em meados do século XIX; já a segunda abordagem remete-se ao desenvolvimento e estabelecimento do conceito de como vem sendo construído desde então, com influência de outras ciências, definindo-se como Ciência da Paisagem, até os dias atuais.

A variação de conceitos sobre o termo *paisagem* também está atrelada à sua etimologia e origem, que darão à palavra um significado diferente de acordo com as escolas relacionadas à Geografia Física. Conforme Bolós (1992, *in* Rocha *et al.*, 1997), nas línguas românicas a origem da palavra é derivada do latim *pagus*, que significa país, com sentido de lugar, setor territorial, e dessa raiz derivando os termos *paisage* (espanhol), *paysage* (francês) e *paesaggio* (italiano). Segundo a autora, as línguas germânicas relacionam o termo *paisagem* com *land*, apresentando o mesmo significado e originando os termos *landschaft* (alemão), *landscape* (inglês) e *landschap* (holandês) (Rocha *et al.*, 1997).

A palavra italiana *paesaggio* foi introduzida para expressar as pinturas relacionadas à Renascença, representando a aparência daquilo que se via, enquanto o termo germânico *landschaft* parece ter sido o primeiro termo a surgir, existindo já na Idade Média designando uma região de dimensão média, o território onde se desenvolvia a vida de pequenas comunidades humanas (Rougerie e Beroutchachvili, 1991; Christofoletti, 1999).

Com base nas orientações teórico-metodológicas das escolas de Geografia Física (com destaque a germânica, francesa, russa e americana), o desenvolvimento e a aplicação do conceito de paisagem foram construídos de maneira diferenciada, sendo sua análise apoiada em diferentes horizontes epistemológicos, gerando uma diversidade de abordagens que, se enquadradas dentro de seu tempo específico, podem ser bem mais entendidas. No século XIX, o estudo da paisagem caracterizou-se por uma abordagem descritiva e morfológica, tendo como pilar os naturalistas que trabalhavam a natureza do ponto de vista da sua fisionomia e funcionalidade. A abordagem morfológica perdura até aproximadamente a década de 20 do século XX, quando então começa a incorporar uma reflexão mais integradora entre as partes que compõem a paisagem, destacando, ao mesmo tempo, a sua função na natureza. O período que se segue é marcado pela Teoria Geral dos Sistemas, que incorpora uma nova orientação aos estudos da paisagem sob uma perspectiva sistêmica e dinâmica entre os componentes da natureza.

A abordagem morfológica da paisagem vai caracterizar-se nas diferentes escolas de Geografia Física. A escola germânica é considerada uma das mais antigas no que se refere aos estudos sobre a paisagem. De acordo com Rougerie e Beroutchachvili (1991), predominam as análises descritivas e regionais da paisagem, caracterizando-se melhor em meados do século XIX e tendo como seus precursores trabalhos de naturalistas importantes da época, como Alexander von Humbolt, em 1812, e Richthofen, em 1886. Os autores Rougerie e Beroutchachvili (1991) ressaltam que esse período é marcado por trabalhos voltados à sistematização e taxonomia, onde Von Humbolt, em sua obra *Viagem às Regiões Equinociais,* prefere apresentar aspectos descritivos da vegetação e do território, destacando a fisionomia do terreno, o aspecto da vegetação e do clima. Rougerie e Beroutchachvili (1991) assinalam, ainda, que se estabelece uma época voltada para as primeiras formulações do conceito de paisagem como noção científica. Para esse período, as obras de Richthofen caracterizam-se como guias para observações, definindo um conjunto de informações sobre a paisagem, e tanto Richthofen como Humbolt tiveram um papel importante na orientação da geografia alemã (Abreu, 2003).

Através de sua análise histórica sobre a paisagem, Rougerie e Beroutchachvili (1991) assinalam que, antes do século XIX, a palavra *paisagem* é marcada pelo desenvolvimento do paisagismo expresso pela pintura, literatura e a arte dos jardins, restritas a grupos privilegiados'na história da civilização. Segundo os referidos autores, o seu estudo começa a ganhar popularidade em meados do século XIX, através da conjugação de fenômenos sociais e tecnológicos, onde aponta como marco histórico dessa mudança o surgimento de fenômenos sociais de conscientização popular, além do aparecimento e difusão da fotografia, da imprensa e de outros aspectos tecnológicos que permitiram o acesso à literatura ou aos trabalhos que abordavam o regionalismo.

Ainda nessa abordagem descritiva da paisagem, Christofoletti (1999) mostra que em função de sua conotação estético-descritiva a palavra *paisagem* teve seu desenvolvimento inicial relacionado com o paisagismo e com a arte dos jardins. O autor enfatiza que, a partir do século XIX, quando a palavra ganha conotações científicas, expressando as características de lugar ou de território, a terminologia se expande pelos países europeus, mas nem sempre representando o mesmo significado, podendo ser observada nos vocabulários francês, anglo-saxão e holandês, onde aos termos *paysage, landscape* e *landschap* são acrescentados adjetivos, ressaltando seu caráter visual. Já o termo germânico *landschaft* surge de forma a abranger tanto o significado de território proposto por essas escolas, como também o caráter visual, apresentando um significado mais amplo e de integração de todos os elementos que compõem a paisagem (Christofoletti, 1999). Na virada do século XIX, a conceituação de paisagem apresenta suas bases estabelecidas como *Ciência da Paisagem*, a partir de uma ótica territorial, como expressões espaciais submetidas às leis científicas (Christofoletti, 1999).

Na escola germânica, além dos naturalistas do século XIX, destacam-se ainda os trabalhos de Passarge, que em 1920 define o que seria "ciência da paisagem". Conforme Klimaszewski (1963, *in* Abreu, 2003), Passarge apresenta novos conceitos, trabalhando em uma análise mais global das formas de relevo, integrando-as em uma visão geográfica da paisagem, a partir de um novo método de trabalho baseado na cartografia geomorfológica.

Christofoletti (1999) assinala ainda que, na escola francesa, na virada para o século XX, La Blache considerou como elementos básicos, na organização e desenvolvimento dos estudos geográficos, as características significativas dos *pays* e regiões, os componentes da natureza e os originários das atividades humanas. Conforme assinala o autor, o termo *região* foi, durante um longo tempo, o pilar da geografia francesa, aplicando-se tanto a conjuntos físicos, estruturais ou climáticos como a domínios caracterizados pela sua vegetação. Mendonça (2001) destaca a visão claramente determinista do francês Emanuel De Martonne, no início do século XX, em que este apresenta, em sua obra intitulada *Tratado de Geografia Física Geral*, os quatro ramos que definem esta geografia, enfatizando-lhe o desenvolvimento dos ramos específicos e dissociados dos aspectos humanos. Segundo Mendonça (2001), De Martonne coloca a Geomorfologia como destaque, em função do seu crescimento frente aos outros ramos da Geografia Física.

Na antiga União Soviética, que se caracterizava por ser uma escola fechada, cientificamente, em relação às outras escolas, Rougerie e Beroutchachvili (1991) assinalam que Dokoutchaev, em 1912, expressou uma outra maneira de abordar os fatos ligados com a natureza, definindo o "Complexo Natural Territorial" (CNT), que incluía processos físicos, químicos e bióticos, colocando a vegetação como diferenciadora nas tipologias das unidades de paisagem e o solo como produto da interação de relevo, clima e vegetação.

No final do século XIX, na escola anglo-americana, a paisagem era analisada sob a perspectiva da evolução do relevo, onde se destacam os trabalhos de Grove Karl Gilbert (1880) e de William Morris Davis (1899). Para Christofoletti (1980), a grande contribuição para o desenvolvimento da Geomorfologia feita por Gilbert foi a de apresentar a noção de equilíbrio na natureza, que, em função do desenvolvimento, na época, da Geomorfologia davisiana, o conceito de equilíbrio somente foi utilizado no estudo do perfil longitudinal dos cursos de água, e recentemente vem sendo aplicado com maior continuidade e amplitude. Ross (1990) ressalta que Davis estabeleceu uma direção para a interpretação do relevo, através de uma concepção finalista, considerando que a evolução do relevo apresenta um começo, meio e fim (juventude, maturidade e senilidade), podendo recomeçar com um processo de rejuvenescimento. Para Ross (1990), o seu ideário de mudança ou de evolução das formas do relevo, ao longo de um tempo não claramente determinado, corresponde a uma contribuição nova aos conhecimentos geomorfológicos, e ressalta que suas opiniões influenciaram bastante os países de língua inglesa e francesa, assim como o Brasil, citando os trabalhos de Aroldo de Azevedo, Aziz Ab'Sáber e Fernando Flávio de Almeida. No entanto, Vitte (2004) destaca que o desenvolvimento da Geologia e da Geomorfologia, nos Estados Unidos da América, está ligado à oportunidade oferecida, ao geólogo, pela ocupação da costa oeste e também pelo motivo de estar associado ao próprio processo de reflexão epistemológica e, principalmente, metodológica de alguns geólogos e filósofos preocupados com os fundamentos das Ciências da Terra. Segundo Vitte (2004), "o pragmatismo surgiu nos Estados Unidos e contrastava nitidamente com a metafísica, pois propunha que o conhecimento fosse originado pela atividade prática, a partir de experimentos e da experiência científica". Segundo esse autor, a presença da abordagem pragmática nas obras de W. M. Davis e G. K. Gilbert se deve à influência, na Geomorfologia, do pensador norte-americano Charles Sanders Pierce, que viveu entre 1839 e 1914. Ainda segundo Vitte (2004), apesar de Gilbert e Davis estarem vinculados à tradição pragmática, isso não lhes retira o mérito de suas obras e contribuições; pelo contrário, demonstra como é complexa a construção do pensamento científico, que exige sempre cautela e reflexão epistemológica e metodológica sobre a Ciência.

Christofoletti (1999) assinala ainda que, nas duas primeiras décadas do século XX, há uma tendência maior para as descrições dos aspectos dos elementos físicos das paisagens (destacando-se as formas topográficas), em relação aos aspectos das atividades socioeconômicas (com destaque para as paisagens rurais). Ou seja, o referido autor aponta que o conceito de *lands-*

chaft é visto como o de unidade territorial, aproximando-se muito do que Dokoutchaev definia para seu "Complexo Natural Territorial", e destaca que a valorização maior em focalizar as paisagens morfológicas e da cobertura vegetal abre caminho para se estabelecerem distinções entre as paisagens naturais e paisagens culturais.

A crescente necessidade de uma reflexão mais abrangente sobre o termo *paisagem* deu espaço para que surgissem proposições para uma análise mais global da paisagem. A Geografia, conforme Christofoletti (1999), se destaca nesta abordagem com o trabalho do americano Carl Sauer *The Morphology of Landscape*, publicado em 1925, onde utiliza o termo *paisagem* para estabelecer o conceito unitário da Geografia, considerada como sendo uma fenomenologia das paisagens. Dessa forma, Sauer (1998) define a *paisagem* como sendo "uma área composta por associação distinta de formas, ao mesmo tempo físicas e culturais", onde "sua estrutura e função são determinadas por formas integrantes e dependentes", ou seja, a paisagem corresponde a um organismo complexo, feito pela associação específica de formas e apreendido pela análise morfológica, ressaltando que se trata de uma interdependência entre esses diversos constituintes, e não de uma simples adição, e que se torna conveniente considerar o papel do tempo. Sauer (1998) ressalta ainda que qualquer definição de uma paisagem única, desorganizada ou não relacionada, não tem valor científico e divide o conteúdo da paisagem em duas partes: o "sítio" (ou hábitat), que representa o somatório dos recursos naturais; e a sua expressão cultural, ou a marca da ação do homem sobre a área. Para Sauer (1998), "a paisagem cultural, é modelada a partir de uma paisagem natural por um grupo cultural. A cultura é o agente, a área é o meio, e a paisagem cultural, o resultado".

Em síntese, até aproximadamente os anos 20 do século XX o conceito de paisagem estava atrelado à herança do naturalismo que marcou o século anterior. Abriu-se espaço para uma reflexão mais abrangente e científica do termo, destacando-se os aspectos fisionômicos da paisagem sem, no entanto, apropriar-se de uma definição mais integradora e abrangente dos sistemas físicos e sociais, como vinha sendo reivindicada com o passar dos anos, tanto no âmbito da ciência geográfica como no da ecológica.

O período pós-1940 é marcado pelo surgimento da Teoria Geral dos Sistemas Dinâmicos, publicada em 1948 por Ludwig von Bertalanffy, que apontava o paralelismo não só de se estudarem as partes e processos isoladamente, mas também de resolver problemas resultantes da interação das partes, e esses princípios gerais influenciaram diferentes campos de atividade (Gondolo, 1999).

De acordo com Rougerie e Beroutchachvili (1991), antes da década de 1960, a escola germânica já apresentava influência desse novo horizonte epistemológico, caracterizado pela teoria sistêmica, na análise ambiental. Os autores assinalam que a obra de J. Schmithusen, na década de 1940, seguindo a nova forma de olhar a paisagem, também se destaca quando redireciona a reflexão sobre as pesquisas da paisagem, valorizando mais os sistemas físicos, dando menos ênfase à vegetação. Conforme Rougerie e Beroutchachvili (1991), a obra de Schmithusen, denominada *Geografia Geral da Vegetação*, dá origem a uma tipologia de unidades de vegetação dentro de uma tipologia mais abrangente de unidades de paisagem, que se inserem em diferentes níveis de escalas e integram componentes que vão do domínio físico ao domínio social, preocupando-se menos com a vegetação e mais com o sistema físico. Os autores assinalam, ainda, que essas abordagens vão se desenvolver na Alemanha e na Europa do Leste, diversificando-se conforme diferentes orientações, que mais tarde serão abrangidas pela "Ecologia da Paisagem" ou "Geoecologia" de Carls Troll.

Esse novo olhar abre caminho para trabalhar o conceito de paisagem a partir da abordagem sistêmica e se estabelece como um novo horizonte epistemológico influenciando diversas áreas de estudos relacionadas ao meio ambiente. Permite adotar, segundo Tricart (1977), uma atitude dialética entre a necessidade de análise e a necessidade contrária de uma visão de conjunto, capaz de ensejar uma atuação eficaz sobre o meio ambiente, considerando-a, ainda, o melhor instrumento lógico de que se dispõe para estudar os problemas do meio ambiente.

Dessa forma, o conceito de paisagem se direciona para a abordagem sistêmica, onde todos os elementos fazem parte da natureza. Deixou-se de lado o aspecto fisionômico e passou-se a trabalhar as trocas de matérias e energia dentro do sistema (complexo físico-químico e biótico).

Rougerie e Beroutchachvili (1991) destacam as contribuições de ordem epistemológica da escola soviética, no âmbito da Geografia, onde muitos trabalhos apareceram nos anos 60 na Alemanha e na Polônia, marcados por uma visão sistêmica da natureza, enfatizando que as pesquisas sobre paisagem, concebidas como sistema físico-químico, vêm inicialmente da então União Soviética, depois das publicações, nas décadas de 1930 e 1940, de A.A. Grigoriev, L.S.Berg, N.A. Solncev e A.G. Isachenko, que preparam os fundamentos do conceito de Geossistema.

Aparece no cenário acadêmico a idéia do conceito de paisagem como a relação homem-natureza, contrapondo-se à estética-descritiva, abrindo caminho para uma nova abordagem relacionando a paisagem como ambiente ou como objeto, na qual podem ser realizadas ações de intervenção e de pesquisa científica (Rougerie e Beroutchachvili, 1991).

Para Rougerie e Beroutchachvili (1991), a Segunda Guerra Mundial caracteriza-se como um marco importante no aparecimento dos primeiros trabalhos de caráter aplicativo; na Austrália, e pouco antes na antiga União Soviética, esses trabalhos se propunham a estudar os complexos naturais com o objetivo de valorizá-los. Segundo os referidos autores, "suas abordagens tiveram o mérito de fazer, pela primeira vez, passar a paisagem do domínio do discurso para o domínio do estudo objetivado, fazendo da paisagem o objeto de análise", e afirmam ainda que a visão sistêmica dos fenômenos desencadeou o processo de reflexão mais abrangente sobre o conceito de paisagem, levando à compreensão dos sistemas naturais, a partir da sua estrutura e funcionamento.

Nessa perspectiva, os estudos soviéticos resultaram na classificação de diferentes unidades, sobre as quais está estruturada a paisagem, marcando um período voltado à compreensão dos modos e dos níveis de sua organização (Rougerie e Beroutchachvili, 1991). Sotchava (1977), ao apresentar o estudo dos geossistemas, aponta que "cada categoria de geossistema situa-se num ponto do espaço terrestre" e enfatiza que estes devem ser analisados como pertencentes a um determinado lugar sobre a superfície da Terra. O referido autor define diferentes unidades sistêmicas da estrutura da paisagem e aponta que o menor componente desta estruturação é o *fácies*, também denominado *geômero elementar*, ou seja, uma unidade que apresenta atributos corológicos, morfológicos e funcionais próprios, com ocorrência de trocas de energia e matéria (Ferreira, 1997).

Desde então, a análise da Ciência da Paisagem volta-se para a preocupação com a dinâmica das unidades, ou seja, com metodologias acerca da morfologia e dos fenômenos de integração, manifestados pelos fenômenos de funcionamento dos sistemas. Dessa forma, dois conceitos vão influenciar o termo e a compreensão da paisagem: o de ecossistema apresentado pelo inglês A.G. Tansley, em 1934, e o de geossistema mostrado pelo soviético V.B. Sotchava, em 1963.

Segundo Tricart (1977), apesar de o conceito de ecossistema já existir desde antes do início do século XX, quem realmente o sistematizou foi o inglês Tansley, em 1934, definindo-o como um conjunto de seres vivos dependentes uns dos outros e do ambiente no qual vivem.

Rodriguez et al. (2004) assinalam que a Ecologia, como disciplina científica, ao estudar os ecossistemas, direcionou sua atenção principalmente à análise dos intercâmbios de fluxos de energia, matéria e informação (EMI) entre o biocentro do sistema e seu entorno e as relações funcionais. No entanto, segundo os referidos autores, a partir dos anos 70 do século XX, com a consolidação da concepção ambiental, a Ecologia redireciona sua análise de investigação e os seus fundamentos teóricos, de Planejamento e Gestão Ambiental e Territorial, à necessidade de integrar as correntes espacial (geográfica) e funcional (ecológica), ao estudar a paisagem.

O Geossistema apresentado por Sotchava, na década de 1960, marca um novo período de análise sobre a paisagem. Para Sotchava (1977), a natureza passa a ser compreendida não apenas pelos seus componentes, mas através das conexões entre eles, não devendo restringir-se à morfologia da paisagem e às suas subdivisões, mas de preferência estudar sua dinâmica, sua estrutura funcional e suas conexões. Rodriguez e Silva (2002) enfatizam que, embora os geossistemas sejam fenômenos naturais, todos os fatores econômicos e sociais que influenciam sua estrutura e peculiaridades espaciais devem ser tomados em consideração durante seu estudo e suas descrições. Os autores assinalam ainda que Sotchava utilizou toda a teoria sobre as paisagens (*landschaft*) elaborada pela escola russa, interpretando-a sob uma visão da Teoria Geral dos Sistemas, o que permitiu que o conceito de paisagem fosse considerado como sinônimo de geossistema, sendo essa, portanto, formada por atributos sistêmicos fundamentais: estrutura, funcionamento, dinâmica, evolução e informação. Essa abordagem no estudo da paisagem corresponderia à primeira vez em que a análise espacial, que é própria da Geografia Física, articulava-se com a análise funcional, própria da Ecologia (Rodriguez e Silva, 2002).

Nessa perspectiva, diversas ciências são relevantes para a formação de um referencial holístico no estudo da paisagem, destacando-se a Geografia e a Ecologia. Na escola germânica de Geografia Física, Carls Troll define, em 1950, o que vem a ser o casamento entre essas duas ciências que mais abordam o estudo da paisagem, através do conceito de "Ecologia da Paisagem". Incorporando a abordagem funcionalista, Troll (1997) faz questão de marcar uma concepção interativa do todo (holística), onde o autor assinala o enfoque funcional como resultado da observação de que todos os geofatores, inclusive a economia e a cultura humana, se encontram em interação. Para o autor, a compreensão dessa interação incorpora o desenvolvimento de abordagens sistemáticas, que mesmo tendo como base uma idéia de regionalização, via identificação de estrutura da paisagem, retoma uma espécie de visão orgânica do todo. O conceito de ecossistema na geografia proposta por ele ganharia uma dimensão espacial, traduzindo-se em "células da paisagem" ou "ecotopos", que são as divisões mínimas da paisagem geográfica (Troll, 1997).

A Ecologia da Paisagem proposta por Carls Troll enfatiza, portanto, a interação entre modelos espaciais e processos ecológicos, que é a causa e a conseqüência da heterogeneidade espacial, através do alcance das escalas (Turner et al., 2001). Esse conceito foi formulado a partir do potencial apresentado pela análise das fotografias aéreas, permitindo a observação de paisagens a partir da abordagem ecossistêmica, como síntese entre a geografia e a ecologia e como ponto de convergência das ciências naturais e sociais (Naveh, 1992, in Rocha et al., 1997).

De acordo com Turner et al. (2001), a Ecologia da Paisagem surge como uma ciência transdisciplinar, a partir de uma visão holística, espacial e funcional dos sistemas natural e cultural, integrando a biosfera e a geosfera com os artefatos tecnológicos, e as idéias de Carls Troll trazem os primeiros elementos para a sistematização do conceito de geoecossistema, através da tentativa de hierarquização da paisagem.

Na escola francesa, Bertrand (1971) e Tricart (1976, 1977) destacam-se no estudo do sistema ambiental, apresentando uma abordagem integrativa entre os elementos que o compõem. O biogeógrafo Georges Bertrand, em 1971, segue a mesma linha de raciocínio de Carls Troll e, apoiando-se em uma abordagem taxonômica, tipológica e dinâmica, define a paisagem como uma "certa porção do espaço, o resultado da combinação dinâmica, portanto, instável, de elementos físicos, biológicos e antrópicos que, reagindo dialeticamente uns sobre os outros, formam um conjunto único e indissociável".

Bertrand (1971) apresenta a idéia de organização por unidades articuladas por níveis, caracterizando as "unidades geográficas globais". Essas unidades são o objeto de estudo de uma "geografia global", constituída por um complexo de elementos e de interações que participam de uma dinâmica comum.

Tricart (1976) discute a importância da Geomorfologia no estudo integrado e na ordenação da paisagem, enfatizando que a ótica dinâmica deve ser relevante em sua abordagem e define três grandes tipos de situações: os meios estáveis, os meios intermediários e os meios instáveis. Para o autor, a evolução geomorfológica gera diferenciações nas unidades de relevo que, associadas às modificações das sociedades humanas, constroem unidades de paisagem territorialmente bem marcadas. Tricart (1976) assinala, ainda, que a análise morfodinâmica baseia-se no estudo do sistema morfogenético (que é função das condições climáticas), no estudo dos processos atuais (tipo, densidade e distribuição) e nas influências antrópicas e nos graus de degradação decorrentes.

Na perspectiva da abordagem sistêmica, a escola americana de Geografia Física, após a ruptura epistemológica com a abordagem histórica de Davis, formula uma série de teorias e métodos de análises quantitativas, que, de acordo com Cassetti (1994), vai distanciar o estudo geomorfológico da Geografia, dando-lhe um caráter geológico e hidrológico. Para esse período, destacam-se os trabalhos de L. C. King (1953), A. N. Strahler (1952), J. T. Hack (1960) e R.J. Chorley (1962), dentre outros. Segundo Ross (1990), para os estudos sobre evolução do relevo, a Teoria da Pediplanação de Lester King apóia-se no princípio da atividade erosiva por processos de ambientes áridos e semi-áridos, com grande aceitação nos ambientes intertropicais, como no Brasil e na África. Em 1960, a Teoria do Equilíbrio Dinâmico de John T. Hack inspira-se na Teoria Geral dos Sistemas e aborda a evolução do relevo com base no equilíbrio dinâmico, considerando que o relevo é um sistema aberto, mantendo constante troca de energia e matéria com os demais sistemas terrestres, o que está vinculado à resistência litológica.

GEOMORFOLOGIA E UNIDADE DE PAISAGEM   113

A escola soviética teve participação marcante na introdução da abordagem sistêmica na Geografia ao estudar as relações entre solos, geomorfologia, vegetação e clima em escala de paisagem (Hugget, 1995). Na década de 1960, essa escola evolui com as idéias de W. Penck, I. P. Gerasimov e J. A. Mescherikov, que vão se caracterizar pela grande contribuição nos trabalhos de cartografia geomorfológica, com aplicação dos conceitos de morfoestrutura e morfoescultura para o tratamento metodológico do relevo, elaborados, posteriormente, por N. V. Basenina, A. A. Trecov e J. Demek (Ross, 1990; Abreu, 2003). A contribuição dessa escola nos estudos geomorfológicos foi fundamental para a elaboração das propostas de formulação teórico-metodológica de mapeamento das formas de relevo.

Da década de 1980 em diante, tornam-se crescentes nos estudos relacionados à paisagem trabalhos com abordagem sistêmica e integrada dos componentes da natureza. Os trabalhos voltados para questões ambientais e de cunho aplicativo possuem como balizadoras metodológicas as propostas de Bertrand e Tricart para a classificação da paisagem. Nesse cenário, surgem trabalhos como os de Bolós (1981) e Jardi (1990), que, baseando-se nos conceitos relativos às Teorias do Geossistema de Sotchava e da Ecodinâmica de Tricart e enfatizando o papel da energia no controle da dinâmica ambiental, apresentam o conceito de "paisagem integrada" como sendo o resultado da interação do geossistema (elementos, estrutura e dinâmica) com sua localização espacial e temporal.

Para Bolós (1981), o objetivo do estudo da geografia e da paisagem deve ser visto como uma realidade integrada, onde os elementos abióticos, bióticos e antrópicos aparecem associados de tal maneira, que os conjuntos podem ser trabalhados como um modelo de sistema. Para a referida autora, a paisagem aparece perceptível diretamente através de um sistema e a partir do modelo de processo, sendo possível se levantarem diagnósticos e prognósticos a partir das observações coletadas. Segundo Bolós (1981), com a análise sistêmica no estudo da paisagem, a geografia se amolda ou se adapta a essa tendência através do estudo do geossistema, que corresponde a um modelo teórico, da mesma forma como o ecossistema, ou seja, não existindo na prática e correspondendo a uma construção mental e subjetiva da realidade.

Bolós ainda define a paisagem integrada como uma área geográfica, unidade espacial, cuja morfologia agrega uma complexa inter-relação entre litologia, estrutura, solo, flora e fauna, sob a ação constante da sociedade, que a transforma. Para a referida autora, corresponde, portanto, ao espaço geográfico onde as intervenções da sociedade alteram-se ao longo do tempo e sua dinâmica e evolução são determinadas por processos históricos e naturais (**Quadro 1**). Com relação à sua classificação, Bolós se baseia em três critérios fundamentais: o tipo de sistema, tamanho e tempo, enfatizando que se deve, inicialmente, efetuar um inventário dos elementos físico-naturais e socioeconômicos, em que a paisagem será levada em consideração quanto à sua tipificação.

A partir da década de 1980, os diversos ramos científicos voltam a atenção para situações de complexidade crescente entre os sistemas ambientais. O que se caracterizava por situações de estabilidade ou insta-

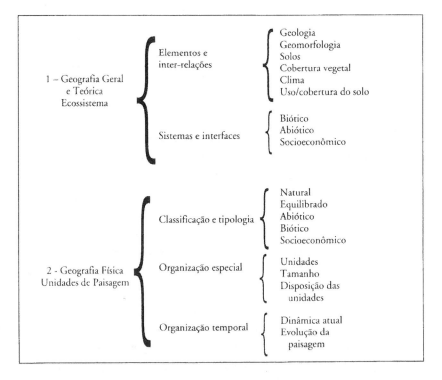

Quadro 1 — Esquema geral da orientação dos estudos de Paisagem Integrada proposta por Bólos (1981).
(Adaptado de Bolós, 1981).

bilidade passa a ser observado sob a ótica do indefinido, ou seja, a relação entre os sistemas pode abranger situações bem mais complexas de casualidade do que se pode imaginar. De acordo com Gondolo (1999), "os processos de dissipação são não-lineares, ou seja, os fluxos não são funções lineares das forças, as flutuações surgem espontaneamente e perturbam, assim, o sistema".

Uma nova orientação é dada aos estudos da paisagem pela Teoria do Caos e da Complexidade e, nesse contexto, a questão ambiental ganha outra dimensão. A complexidade é constatada para controlar a evolução dos sistemas em contínua evolução, e, de acordo com Camargo (2002), "a junção de três ou mais variáveis em um sistema traz a emergência de fluxos auto-organizados e eventualmente caóticos, advindos de bifurcações imprevisíveis e naturais, e, a cada nova etapa evolutiva dos sistemas, estes evoluem para um grau diferente de complexidade, retratado em uma nova organização das estruturas internas que o constituem". Para Gondolo (1999), "há que se considerar que o imprevisível e o acaso devam ser equacionados não apenas na ótica empírica, mas a partir de uma nova estrutura conceitual propiciada pelos avanços do conhecimento da dinâmica de sistemas complexos".

Na atualidade, usa-se muito o conceito de suscetibilidade de paisagem em Geomorfologia, o que se justifica pela influência da Teoria da Complexidade. O conceito de suscetibilidade considera a paisagem como um sistema complexo composto de rochas, depósitos superficiais, relevo, solos, plantas, animais e sociedade. A paisagem sofre permanentes transformações espaciais e temporais em função da dinâmica dos processos. Para Brunsden (2001), nos trabalhos em Geomorfologia devem-se considerar as alterações que os sistemas ambientais sofrem em virtude dos diferentes *imputs* de energia, que podem ser de origem tectônica, climática, biótica e antropogenética. A dinâmica da paisagem será função da interação entre os fatores, e a alteração de um componente corresponde a modificações do sistema como um todo, e, dependendo da magnitude e freqüência dos fenômenos espaciais e temporais, a paisagem sempre busca mecanismos de ajuste de sua estabilidade para a interação de todos os elementos que a compõem novamente (Thomas, 2001; Camargo, 2002).

3.2. Do Dimensionamento da Paisagem à Definição de Unidades de Paisagem

O dimensionamento territorial da paisagem é discutido por vários autores devido à grande importância que o assunto ganha frente às metodologias utilizadas de divisão e classificação da paisagem visando ao planejamento ambiental (Bertrand, 1971; Tricart, 1976 e 1977; Bolós, 1981; Jardi, 1990; Ross, 1990; Troll, 1997; Venturi, 1997 e 2004; Martinelli e Pedrotti, 2001). Venturi (2004) destaca que a dimensão da paisagem implica caracterizar qualquer área de estudo em qualquer escala de trabalho, desde que possa ser aceita na ciência geográfica. Isso conduz, também, a considerar inúmeras possibilidades de dimensionamento, em função das diferentes perspectivas de análise.

Rougerie e Beroutchachvili (1991) assinalam que a preocupação com o dimensionamento da paisagem já pode ser observada na obra de J. Schmithusen, publicada em 1948, na qual por meio da *Geografia Geral da Vegetação* apresenta, com base na análise da vegetação, uma tipologia mais abrangente de unidades de paisagem, diferenciadas em diferentes níveis de escala.

Troll (1997) foi um dos primeiros autores a caracterizar a paisagem do ponto de vista da sua dimensionalidade, enfatizando que ela reflete transformações temporais e conserva testemunhos de outros tempos. Segundo o autor, para chegarmos na sua dimensionalidade, inicialmente se devem detectar e delimitar as suas diferenças para, em seguida, através de seu conteúdo e limites, se chegar à compreensão da sua estrutura e classificá-la em diferentes escalas e territórios. Para Troll (1997), o dimensionamento é variado, indo desde as unidades maiores, que já em 1905 foram denominadas, por Herbertson, as *principais regiões naturais* (tem como principal enfoque o estudo acerca das zonas climáticas e de vegetação, como nos trabalhos que Passarge desenvolveu e publicou desde 1921), chegando até as unidades menores que são denominadas pequenas paisagens. Conforme Troll, isso evidencia o "escalonamento dimensional, uma hierarquia de diferentes dimensões". Ele assinala ainda que as menores porções são denominadas "ecótopo, variante de biótipo utilizada pelos biólogos com finalidade similar" e que, portanto, devem adquirir os aspectos particulares ou locais. Os ecótopos, segundo Carls Troll, "não são importantes somente no trabalho científico da Geografia, mas também, ao expressar a distribuição dos diversos elementos das paisagens, têm grande importância prática". Dentro do ecótopo é que "se produz o nível máximo de integração entre os diferentes elementos da paisagem", inserindo-se neles também os seres bióticos e a ação antrópica, e a relação entre eles.

A necessidade de estabelecer a dimensão da área a ser investigada levou à definição de sistemas de classificação em unidades, que representam o dimensionamento ou atribuições escalares ao conceito de paisagem (Bolós, 1981; Soares, 2001). A busca da representação daquilo que era observado aproximou a cartografia geomorfológica com os estudos voltados à paisagem, e a relação entre a área observada e sua representação pode ser solucionada pela taxonomia (Soares, 2001). Muitos trabalhos aparecem com esse enfoque, e em todos observa-se, também, que os níveis de representação sugerem a espacialização de dados mais gerais para os mais detalhados, ou seja, da menor para a maior escala da investigação (**Quadro 2**).

Escala Cailleux-Tricart	Escala G. Bertrand	Unidade climática	Unidade de relevo ou geomorfológica	Escala Ross	Unidade sócio-econômica	Escala cartográfica
I	Zona	Clima zonal	Sistema morfogenético	–	–	1: 1.000.000
II	Domínio	Domínio climático	Domínio estrutural	Unidade morfo-estrutural	Região	1: 500.000 1: 100.000
III	Região natural	Clima regional	Grande bacia fluvial	Unidade morfo-escultural	–	1: 500.000 1: 100.000
IV	Comarca	Clima local	Bacia fluvial de segunda ordem	Unidade de Modelado	–	1: 100.000 1: 50.000
V	Geossistema	Mesotopoclima	Vertente	Unidade conjunto de formas	Município	1: 25.000 1: 10.000
VI	Geofácies	Topoclima	Mesoformas	Unidade de dimensão e forma	Distrito	1: 10.000 1: 5.000
VII	–	Microclima	Microformas	Unidade de forma linear de relevo	Setor administrativo	1: 5.000
VIII	Geótopo	Clima estacional	Setor de microformas	–	Bairro	1: 5.000 ou inferior

Quadro 2 — Diferentes sistemas de classificação da paisagem em unidades, representando o dimensionamento ou atribuições escalares ao conceito de paisagem.
(Adaptado de Bertrand, 1971; Bolós, 1981.)

Na análise sobre a construção da ciência geomorfológica, Abreu (2003) aponta que, após a Segunda Guerra Mundial, os estudos da paisagem evoluem e se consolidam nos estudos de geoecologia e ordenação ambiental do espaço, apoiada em grande parte na Teoria Sistêmica, destacando-se as obras desenvolvidas pelas escolas alemã e soviética, a exemplo dos trabalhos do alemão Carls Troll. Segundo Abreu (2003), a cartografia geomorfológica recebe ênfase especial nas décadas de 1960 e 1970, como método fundamental de análise do relevo, com as contribuições de Gerasimov, Klimaszewski, Mecerjakov, Basenina e Trescov, Demek, que influenciaram os trabalhos sobre delimitação das unidades de paisagem e principalmente nos estudos relacionados ao relevo.

Dos sistemas de classificação da paisagem, talvez os mais conhecidos e trabalhados atualmente sejam as propostas apresentadas pelos geógrafos franceses Georges Bertrand (1971) e Jean Tricart (1977), que abordam o conceito de paisagem com caráter dinâmico e em contínua evolução.

Uma das formas mais antigas de se subdividir a paisagem terrestre é a apresentada por Jean Tricart e publicada em 1965 (*in* Penteado, 1978), no seu tratado metodológico de geomorfologia (*Principes et Méthodes de la Geomorphologie*), em que apresenta uma classificação para o globo em oito níveis de grandeza espacial (**Quadro 3**). Ele considera as quatro primeiras ordens de grandeza como global sob influência da estrutura, enquanto que as demais, como formações regionais diretamente ligadas ao clima, modeladas de erosão e sedimentação. Essa classificação do globo terrestre vai nortear vários trabalhos que visam a dimensionar as diferentes formas e tamanhos do relevo, sob influência do clima e estrutura das rochas.

Na década de 60 do século XX, Bertrand (1971) propõe que o estudo da paisagem tenha a visão de uma Geografia Física Global, e que estudá-la constitua-se numa questão de método. Para o referido autor, sua definição se dá em função da escala adotada, ou seja, "estudar a paisagem implica delimitá-la e dividi-la em unidades homogêneas e hierarquizadas, chegando-se com isso a uma classificação". O autor chama a atenção para o fato de que as inúmeras classificações existentes (fitogeográfica, climática, pedológica, morfoestrutural, hidrogeomórfica) para a definição de unidades da paisagem aparecem de forma arbitrária, não havendo limites próprios para a ordenação dos fenômenos.

GEOMORFOLOGIA E UNIDADE DE PAISAGEM 119

Primeira Ordem de Grandeza (ou Escala Global)	Abrange grandes áreas e é mais relacionada à Geofísica e considera a forma da Terra como um todo (Terra e Água).
Segunda Ordem de Grandeza	Caracteriza-se pelas subdivisões das grandes zonas morfo-climáticas do globo, abrangendo regiões de escudos antigos, dorsais, faixas orogênicas e bacias sedimentares. Dimensão da ordem de milhões de quilômetros quadrados.
Terceira Ordem de Grandeza	São unidades menores onde a paisagem é estudada do ponto de vista de sua evolução, com ênfase nos estágios de desnudação. As pequenas unidades estruturais são focalizadas: maciços antigos e bacias sedimentares. Dimensão de ordem de dezenas de milhares de quilômetros quadrados.
Quarta Ordem de Grandeza	São ainda analisadas do ponto de vista estrutural. Trata-se de pequenas unidades estruturais dentro de unidades maiores. Dimensão da ordem de centenas de quilômetros quadrados.
Quinta Ordem de Grandeza	Estudo em mapas na escala de 1:20.000. Ex.: escarpas de falhas, relevo de cuestas localizados, sinclinais e anticlinais. A erosão desempenha papel principal. Enquanto as unidades superiores correspondem principalmente a forças tectônicas, essas correspondem à influência estrutural passiva. Dimensão de alguns quilômetros quadrados.
Sexta Ordem de Grandeza	Os modelados se individualizam pelos processos erosivos e por condições variadas criadas pela litologia. Formas como: colinas, palmares, cones de dejeção etc. As influências tectônicas não aparecem de maneira direta. Dimensão da ordem de centenas de quilômetros quadrados.
Sétima Ordem de Grandeza	São as microformas. Relação muito estreita com processos de esculturação ou de deposição. Formas como: placas de escamação, estratificação, matacões etc.
Oitava Ordem de Grandeza	Formas que vão do milímetro ao mícron. As observações são feitas com aparelhos. Trata-se de objetos da sedimentologia e pedologia. Formas como: poros de rochas, lineamentos etc.

Quadro 3 — Classificação para o globo terrestre em oito níveis de grandeza espacial, de acordo com Tricart (1965, *in* Penteado, 1978).

Baseando-se nas escalas espaço-temporais, propostas em 1965 por Tricart, Bertrand (1971) estabelece seis níveis de dimensão escalar, que podem ser divididos pelos elementos estruturais e climáticos, conhecidos também como unidades superiores (zona, domínio e região) e pelos elementos biogeográficos e antrópicos, também chamados de unidades inferiores (geossistema, geofácies e geótopo):

UNIDADES SUPERIORES:

1) *Zona* — corresponde à zonalidade planetária, definida pelo clima, biomas e megaestruturas. É definida como de 1ª GRANDEZA (mais de 10 milhões de km²);

2) *Domínio* — caracterizado por uma combinação de relevo e clima, onde define reagrupamentos maleáveis e diferentes, como, por exemplo, domínios alpinos e atlânticos. É uma unidade de 2ª GRANDEZA (de 1 a 10 milhões de km²);

3) *Região* — situa-se no interior dos domínios e se define por um andar biogeográfico original; aplica-se tanto a conjuntos físicos, estruturais ou climáticos como pela sua vegetação, por exemplo: frente montanhosa hiperúmida, recoberta por floresta de faia e carvalho. É uma unidade situada entre as 3ª e 4ª GRANDEZAS (de 10 mil a 1 milhão de km²).

UNIDADES INFERIORES:

4) *Geossistema* — resulta da combinação de um potencial ecológico (geomorfologia, clima, hidrologia), uma exploração biológica (vegetação, solo, fauna) e uma ação antrópica. Corresponde a dados ecológicos relativamente estáveis, que definem o potencial ecológico do geossistema. Caracteriza-se por uma homogeneidade fisionômica (não necessariamente), uma forte unidade ecológica e biológica, num complexo essencialmente dinâmico. É uma unidade de 5ª GRANDEZA (de 100 a 10.000km²);

5) *Geofácies* — corresponde a um setor fisionomicamente homogêneo, onde se desenvolve uma mesma fase de evolução geral do geossistema (6ª e 7ª GRANDEZA, de 1 a 100km²);

6) *Geótopo* — corresponde às microformas. É a menor unidade geográfica homogênea diretamente discernível no terreno. É o refúgio de biocenoses originais, às vezes *relictuais* e endêmicas. É uma unidade de 8ª GRANDEZAS, (menos de 1km²).

Para Bertrand (1971), o geossistema que corresponde ao quarto nível de hierarquização pode ser considerado como o mais importante nos estudos geográficos em função de apresentar, nessa escala, as maiores inter-relações entre os elementos da paisagem, e também por se tratar da escala de atuação do homem. O autor se baseia na teoria da biostasia e resistasia de H. Erhart e caracteriza o *geossistema em biostasia* quando há o equilíbrio entre o potencial ecológico e a exploração biológica (equilíbrio climáxico) e *geossistema em resistasia* quando a ação humana estabelece alterações sensíveis desse equilíbrio (**Figura 36**).

Para explicar a Teoria da Biostasia e Resistasia, Erhart (1966) estudou os solos lateríticos da floresta virgem da costa oriental de Madagascar, onde pôde observar que a existência de sedimentos calcários (e seus derivados), na ilha, estava relacionada a um período de extremo equilíbrio, no qual os seres organizados puderam atingir o seu "clímax" e o seu desenvolvimento máximo, que denominou de *biostasia*. A ruptura do equilíbrio climático e biológico é constatada através da ocorrência de sedimentos do tipo argilas, areias, produtos ferruginosos e bauxíticos, que constituem os elementos residuais da pedogênese florestal, acumulados no decorrer dos períodos biostásicos e que somente puderam ser exportados dos continentes depois que houve o desaparecimento da floresta, caracterizando o período em resistasia.

Outra classificação importante da paisagem, proposta por Tricart em 1977, são as "unidades ecodinâmicas", que se caracterizam pela dinâmica

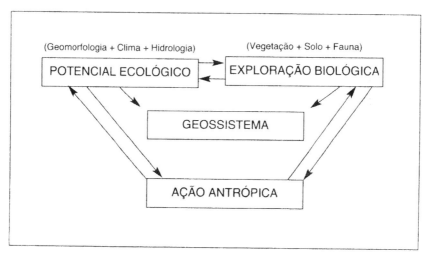

Figura 36 — Esboço da definição teórica de geossistema, conforme Bertrand (1971).

do ambiente e têm repercussões importantes na biocenose (agrupamento de seres vivos ligados por uma dependência recíproca, que se mantém por reprodução de maneira permanente). O autor ressalta que o conceito dessas unidades é integrado ao dos ecossistemas e baseou-se no instrumento lógico de sistemas, enfocando as relações mútuas entre os diversos componentes da dinâmica e fluxos de energia e matéria no ambiente, e, portanto, se diferenciou do inventário estático. Nessa abordagem, Tricart (1977) propôs uma classificação levando em consideração a condição de transição entre as unidades de paisagem, considerada mais elástica em relação à proposta por Erhart (1966), definindo, com isso, as "unidades ecodinâmicas" analisadas através de seu comportamento dinâmico.

Em sua proposta de classificação da paisagem, Tricart (1977) destaca que a ótica da dinâmica impõe-se em matéria de organização do espaço, e suas alterações podem se processar em diferentes velocidades, de forma harmoniosa ou catastrófica. Em função da intensidade dos processos atuantes, Tricart (1977) propõe uma classificação da paisagem em três tipos de meios morfodinâmicos:

• *Meios Estáveis* — caracterizados pelo predomínio da pedogênese sobre a morfogênese. Prevalece a condição de clímax, onde o modelado evolui lentamente;

• *Meios Intergrades ou de Transição* — caracterizam uma passagem gradual entre os meios estáveis e instáveis, ou seja, um balanço entre as interferências pedogenéticas e morfogenéticas. Constata-se uma interferência permanente na relação pedogênese/morfogênese;

• *Meios Fortemente Instáveis* — a morfogênese é o elemento predominante na dinâmica, apresentando características de desequilíbrio ou de instabilidade morfogenética.

Em sua classificação, o solo aparece como o referencial de análise temporal da paisagem, levando em consideração a relação pedogênese/morfogênese para as condições de estabilidade (Cassetti, 1991). A análise morfodinâmica de Tricart (1977) baseia-se: (1) no estudo do sistema morfogenético, que é função das condições climáticas; (2) no estudo dos processos atuais, caracterizando os tipos, a densidade e a distribuição, e (3) nas influências antrópicas com os graus de degradação decorrentes.

Nos estudos desenvolvidos sobre a Paisagem, na Universidade de Barcelona, Bolós (1981) apresenta sua proposta de classificação em que reforça o papel da energia no controle da dinâmica ambiental. A referida autora vê a paisagem como uma porção de espaço geográfico que se ajusta ao modelo geossistêmico, proposto pelo soviético Sotchava, e enfatiza que a mesma é resultado da interação do geossistema (elementos, estrutura e dinâmica), com sua localização espaço-temporal:

a) *Paisagem Natural* — não é constituída por um subsistema socioeconômico. Por exemplo, os desertos e montanhas com mais de 3.000 metros de altitude;

b) *Paisagem Equilibrada* — quando os três subsistemas alcançam uma importância semelhante (o homem não possui o predomínio absoluto no espaço). Estas são muito difíceis de ser encontradas em lugares habitados pela sociedade que segue o modelo ocidental e capitalista;

c) *Paisagem Abiótica* — quando na presença de três subsistemas ocorrem o predomínio e o funcionamento do conjunto de elementos abióticos;

d) *Paisagem Biótica* — é aquela onde o ecossistema é o elemento fundamental para o funcionamento do conjunto;

e) *Paisagem Antrópica* — é aquela em que o funcionamento se dá básica e fundamentalmente em torno do subsistema socioeconômico. Por exemplo, uma área urbanizada.

Quando Bolós (1981) relaciona a paisagem ao estado de relativo equilíbrio de sua evolução, de acordo com a entrada e saída de matéria e energia, a paisagem pode ser classificada com base na sua dinâmica em:

a) *Paisagem em Equilíbrio* — esta paisagem caracteriza-se quando a entrada e saída de energia se equivalem;

b) *Paisagem em Progressão* — quando a entrada de energia é maior do que a saída;

c) *Paisagem em Regressão* — nesse caso ocorre o contrário do caso anterior, ou seja, a saída de energia é maior do que a entrada.

Em todas as classificações apresentadas, observa-se que as espacializações das unidades de paisagem podem se dar a partir de inúmeras possibilidades de dimensionamento, levando-se em conta a escala, e variam de acordo com a perspectiva de análise. Para Venturi (2004), o conceito de paisagem, por apresentar variações de autor para autor ao longo de sua evolução, levou a atrelar o seu dimensionamento à visão de cada escola, caracterizando as inúmeras possibilidades de dimensionamento, em função das diferentes perspectivas de análise.

Outro ponto a se destacar é o fato de a paisagem geralmente ser classificada em relação à energia ou ao grau de intervenção antrópica, entre muitas outras possibilidades. Muitas vezes essas classificações refletem a complexidade de interação entre os componentes do ambiente, ficando difícil sua visualização de forma cartográfica, obtendo-se um grande nível de informação, e talvez este seja um dos grandes desafios ao se analisar, metodologicamente, a paisagem de forma integrada.

Venturi (1997) chama a atenção para o fato de que as "unidades de paisagem, por serem, assim como os ecossistemas, entidades lógicas, apresentam algumas vantagens sobre esses ao possibilitarem um dimensionamento mais definido e uma representação cartográfica mais precisa". Entretanto, o autor considera que o dimensionamento da paisagem vai variar de acordo com os objetivos do trabalho a ser alcançado, ou seja, "a escolha dos critérios a serem utilizados na identificação, caracterização e delimitação das unidades de paisagem, sejam eles naturais ou artificiais (sociais), depende inteiramente dos objetivos do trabalho". Para as pesquisas sobre as unidades de paisagem, segundo esse autor, não deve haver um modelo a ser seguido, pois haverá inúmeras possibilidades de pesquisas com vários dimensionamentos a serem trabalhados, propondo, inclusive, uma libertação dos dimensionamentos preestabelecidos.

No entanto, Martinelli e Pedrotti (2001) chamam a atenção para o fato de a questão metodológica fundamental para o discernimento das paisagens ser a definição das escalas espaço-temporais. Os autores fazem uma reflexão sobre a abordagem metodológica da cartografia ambiental e propõem que o estudo sobre o ambiente não englobe apenas os relacionados à natureza, mas também os da sociedade sobre esse ambiente. De acordo com Martinelli e Pedrotti (2001), para a elaboração da cartografia das unidades de paisagem, o encaminhamento parte do conhecimento litogeomorfológico, em nível dinâmico da realidade que se deseja conhecer para, em etapas sucessivas, passar para raciocínios analíticos que consideram a vegetação e sua dinâmica, a vegetação real e as respectivas tendências evolutivas no espaço produzido pela sociedade, dinamizadas pela periodização dos modos de produção que a humanidade viveu e está vivendo em sua história. Segundo os autores, o trabalho finaliza ao convergir para um raciocínio de síntese que confirmaria a delimitação das unidades de paisagem que seriam traçadas sobre o mapa com apoio da base topográfica.

Em síntese, à luz das reflexões colocadas por Venturi (1997) e Martinelli e Pedrotti (2001), pode-se observar que a unidade de paisagem pode ser identificada por diferentes variáveis físicas e pelas transformações históricas da dinâmica do uso da terra, em determinada unidade. Elas se espacializam através do mapeamento dos impactos, em diferentes momentos das atividades humanas, caracterizando sua dinâmica, ou seja, a unidade de paisagem vai corresponder à dimensão territorial de uma variável física, e só terá significado se estiver representando as modificações que a sociedade impõe sobre ela, ao longo do tempo.

Sob esse ponto de vista, Soares (2001) coloca que a definição das unidades de paisagem pode ser aplicada ao planejamento ambiental e à pesquisas em Geografia Física. De acordo com a autora, os estudos serão realizados com base no entendimento de como se comporta o arranjo dos elementos naturais, em determinada condição temporal, e como reage às modificações da sociedade, quando da implantação de uso e ocupação da terra em determinado espaço. Conforme Soares (2001), o dinamismo da paisagem vai construir-se com as modificações de uso e ocupação criadoras de novos arranjos e feições que são determinados por atividades diversas.

4. IMPORTÂNCIA DA GEOMORFOLOGIA NO ESTUDO INTEGRADO DA PAISAGEM

A importância da Geomorfologia no estudo integrado da paisagem passa pela compreensão inicial de qual seja seu objetivo de estudo. Definida por muitos autores como a ciência que aborda o estudo das formas de relevo, considerando a origem, a estrutura, a natureza das rochas, o clima da região e as diferentes forças endógenas e exógenas (Penteado, 1978; Goudie, 1989; Casseti, 1994; Christofoletti, 1980 e 2003; Guerra e Cunha 2005). Enfatiza-se ainda em sua análise que nesta deve estar inserida a compreensão das relações processuais pretéritas e atuais, que são também importantes na compreensão racional da forma de apropriação do relevo, considerando a conversão das propriedades geoecológicas (suporte e recurso) em sócio-reprodutoras (Casseti, 1994). Com isso, o objetivo do estudo da Geomorfologia corresponde à superfície terrestre, envolvendo em sua análise as características morfológicas, os materiais componentes, os processos atuantes e fatores controladores, assim como sua dinâmica evolutiva (Christofoletti, 2003).

Sobre a dinâmica da paisagem, Goudie (1989) ressalta que esta envolve muitos processos e sistemas complexos, que podem agir isoladamente e/ou interagir entre si, podendo destacar-se o sistema antrópico, devido a sua influência direta ou indireta sobre os sistemas ambientais. O autor afirma ainda que as mudanças ambientais ocorrem muito antes do surgimento do homem, sendo sua principal conseqüência o remodelamento da paisagem.

No entanto, Abreu (2003) ressalta, para fins de análise, que o processo de construção do conhecimento geomorfológico incorporou inúmeras formas de interpretação do relevo. Abreu (2003) expõe em seu trabalho a interpretação sobre o desenvolvimento global da ciência geomorfológica com o objetivo de definir um sistema referencial e parâmetros para a interpretação crítica das diferentes posturas assumidas pelos geomorfólogos, no decorrer do tempo.

Ao abordar de forma simplificada a análise de Abreu, Suertegaray (2003) destaca que o estudo do relevo pauta-se em duas perspectivas, sendo a primeira o estudo do relevo como fator único de análise, ou seja, como elemento em convergência com outros na estruturação diferenciada da superfície terrestre. Nessa análise, tem-se como ponto de partida os trabalhos desenvolvidos pela escola americana, com a publicação *Geographycal Cycle*, de W. M. Davis, em 1889, que, independentemente da ruptura epistemológica dos anos 50, teve continuidade através da Geomorfologia anglo-americana, com suas teorias probabilísticas e Análise Morfométrica (Suertegaray, 2003; Abreu, 2003). Na segunda perspectiva de análise aparece o relevo como um elemento que converge com outros elementos na constituição da superfície terrestre, com sua sistematização clássica, desenvolvida inicialmente pela escola germânica, através das obras *Morphologie der Erdoberflache,* publicada em 1894, de Albert Penck, e *Die Morphologische Analyse,* apresentada em 1924 por Walter Penk (Suertegaray, 2003; Abreu, 2003). De acordo com Suertegaray (2003), a evolução dessa escola ultrapassa o entendimento da relação entre processos internos e externos na constituição do relevo para a relação relevo/clima/vegetação, destacando-se os trabalhos de Passarge, na década de 1920 do século XX, definindo os "Fundamentos da Ciência da Paisagem" e "As Zonas Paisagísticas da Terra", chegando à concepção de paisagem, com o trabalho de Troll, publicado em 1950, com abordagem fisiológica sobre a paisagem.

Apesar de muitas vezes a análise geomorfológica atual apresentar essas duas perspectivas históricas de análise, Suertegaray (2003) menciona que outras formas de abordagem sobre o relevo se destacam, sendo designada por Abreu (1983, *in* Suertegaray, 2003) de Geomorfologia Antropológica e Geoecologia ou Ordenação Ambiental. Segundo Suertegaray (2003), a partir dos anos 50 do século XX os trabalhos de geomorfologia incorporam a concepção da relação do homem com a natureza e "encaminham a Geomorfologia da atualidade na direção da interdisciplinaridade, integrando a então dicotomizada Geografia com as demais disciplinas relacionadas às ciências da terra, biológicas e sociais". A autora assinala ainda alguns caminhos que vêm sendo trilhados hoje no Brasil e coloca, entre eles, o da "abordagem geomorfológica concebida como transformação dinâmica da paisagem ao longo do tempo, acrescida da análise da incorporação dessas Paisagens-Territórios ao processo produtivo, além do estudo do relevo a partir do conceito de Paisagem na perspectiva de avaliação dos riscos à população, decorrentes de impactos à natureza".

O fato é que a necessidade de estudos voltados para a questão ambiental tem sido ressaltada não apenas no âmbito da ciência geomorfológica, mas em muitos campos do conhecimento científico. Os anos da década de 1980 do século XX tornaram-se um marco de referência histórica, em função de muitos cientistas e entidades ambientalistas, de todo o mundo, passarem a chamar a atenção da sociedade para a importância da preservação ambiental como fator de garantia da qualidade de vida não só da atual, como das futuras gerações.

Muitos autores (Soares, 2001; Ross, 2003; Argento, 2005; Xavier da Silva, 2005) enfatizam que a pesquisa ambiental na abordagem geomorfológica vem objetivando o diagnóstico e o prognóstico, em que Argento (2005) destaca que a preocupação não está só no presente, mas, principalmente, no futuro, ou seja, nos fenômenos que irão acontecer, por isso a preocupação com o aprimoramento das técnicas para melhor prever os problemas futuros.

Sobre o aperfeiçoamento das técnicas operacionais, Xavier da Silva (2005) aponta a crescente utilização de Sistemas de Informação Geográfica nas análises ambientais, devido à evolução rápida e constante, nas últimas décadas, da tecnologia computacional, associada à demanda exponencial de dados ambientais e vinculada à proliferação dos problemas ambientais. O autor chama a atenção para a alta demanda de trabalhos voltados para a integração do Planejamento Territorial com as Informações Espaciais Automatizadas e Sistematizadas.

Com vistas a uma proposta de planejamento ambiental, propondo que as unidades de relevo sejam utilizadas como base para a classificação das paisagens da bacia do Rio Curu, no Estado do Ceará, Soares (2001) ressalta que a Geomorfologia pode ser um importante parâmetro para a classificação das paisagens, em função de essa ciência ser adequada para relacionar a representação entre o fenômeno estudado e a escala a ser representada.

No entanto, Venturi (2004) assinala que o estudo do relevo deve ser considerado como um recurso imaterial, em função de este não possuir suas próprias características físicas e estruturais, sendo sua forma resultante de forças que atuam sobre meios materiais, como os solos e o substrato rochoso. De acordo com o autor, "o clima, os solos, a hidrografia, a vegetação, o substrato rochoso, cada um possui suas próprias características físicas e estruturais, diferentemente do relevo", que, através das interações entre seus elementos, definem formas variadas sobre a superfície da Terra, sendo o homem também um agente transformador.

Nessa perspectiva, Venturi (2004) assinala que os "estudos geomorfológicos podem promover, por meio de estudos da dinâmica do relevo, a compreensão do funcionamento da paisagem como um todo, ao incorporar os outros componentes da natureza, estabelecendo relações entre relevo e solos, relevo e clima, relevo e hidrografia, cobertura vegetal e substrato geológico". Para a execução de trabalhos aplicados ou de caráter mais verticalizados, a Geomorfologia dispõe de recursos metodológicos, técnicos e de instrumentos adequados de apoio ao planejamento territorial.

GEOMORFOLOGIA E UNIDADE DE PAISAGEM 129

As pesquisas geomorfológicas devem incorporar, além dos estudos relacionados à sua forma, classificação e análise dos processos, preocupação com a forma de representação cartográfica, onde Ross (2002) assinala que, "ao se tratar de taxonomia e representação cartográfica das formas, estão sendo considerados os elementos básicos de um sistema funcional, forma ou fisionomia, estrutura e dinâmica ou funcionalidade e, portanto, gênese e cronologia, ainda que relativa".

A maneira como a Geomorfologia contribui de forma mais sistemática nos trabalhos aplicados ao planejamento e gestão ambiental é através da representação e mapeamento do seu objetivo de estudo. Com isso, o mapeamento geomorfológico pode se constituir em um importante instrumento de análise ambiental, apresentando, através de metodologias apropriadas, informações que irão subsidiar propostas de planejamento e preservação em áreas urbanas e rurais. Há que considerar que a evolução rápida e constante nas últimas décadas da tecnologia computacional, associada à demanda exponencial de dados ambientais e vinculada à proliferação de problemas ambientais, vem contribuindo de forma relevante para o desenvolvimento das técnicas em interpretação de imagens de satélites, radar e fotografias aéreas.

4.1. POSSIBILIDADES DE APLICAÇÕES DO MAPEAMENTO GEOMORFOLÓGICO

São muitas as possibilidades de aplicações dos mapeamentos geomorfológicos nos projetos de gerenciamento ambiental ou até mesmo numa concepção mais integradora, como na de gestão do território. Segundo Christofoletti (2005), "a potencialidade aplicativa do conhecimento geomorfológico insere-se no diagnóstico das condições ambientais, contribuindo para orientar a alocação e o assentamento das atividades humanas".

Os mapas geomorfológicos apresentam, através de metodologias apropriadas, a configuração da crosta terrestre e ressaltam com destaque as unidades de relevo e constituem, com freqüência, a base de várias outras classes de mapas (Guerra e Guerra, 2003). Nos projetos de planejamento ambiental, os mapas geralmente vêm acompanhados de legendas que servem para subsidiar decisões, em níveis pedológicos, climatobotânicos, planialtimétricos e batimétricos, como em nível do uso potencial do solo, tanto urbano quanto rural (Argento, 2005).

De acordo com Cooke e Doornkamp (1990), os mapas geomorfológicos fornecem informações referentes às formas de relevo e magnitude dos processos atuantes, além de integrar informações sobre planejamento do uso da terra, engenharia, hidrologia, levantamento dos solos e sua conservação. Os autores também ressaltam outras possibilidades relevantes de aplicações práticas do mapeamento geomorfológico, tais como em áreas de agricultura e áreas florestadas para trabalhar o potencial e a conservação no controle da erosão dos solos (**Quadro 4**).

Categoria de uso	Exemplos de aplicações do mapeamento geomorfológico
Uso da Terra	• Planejamentos territorial e regional • Conservação e paisagens naturais e culturais
Agricultura e áreas florestadas	• Potencial de uso • Conservação e controle de erosão dos solos • Dragagem e irrigação
Engenharia Civil aplicada ao subsolo e à superfície	• Reconstrução e replanejamento de ocupações, especialmente no caso urbano • Alocação das atividades industriais • Comunicação (estradas, linhas férreas, construção de canais) • Reservatório e represas • Potencial do litoral
Recursos minerais	• Prospecção, levantamento geológico, exploração e mineração • Danos potenciais e reais causados pela mineração

Quadro 4 — Algumas aplicações de mapeamentos geomorfológicos no planejamento e desenvolvimento econômico.
(Adaptado de Cooke e Doornkamp, 1990.)

Dentre as inúmeras possibilidades de aplicação do mapeamento geomorfológico ao planejamento de unidades ambientais destacam-se os estudos voltados para a utilização da definição das unidades de relevo como parâmetros de delimitação de unidades de paisagem. Para Soares (2001), "a unidade de paisagem será aquela que integra uma unidade espacial representada pela forma de relevo e inter-relacionada com os elementos abióticos, bióticos e socioeconômicos, que, ao interagirem, transformam a superfície da Terra". Em sua proposta metodológica para definição de unidades de paisagem, a autora destaca a importância da Geomorfologia, por auxiliar a compreender o modelado terrestre, que surge como elemento do sistema ambiental físico e condicionante para as atividades da sociedade e organizações espaciais.

Recentemente, estudos na bacia hidrográfica e zona costeira do município de Macaé, no Norte fluminense (Marçal et al., 2002; Luz, 2003; Marçal e Luz, 2003), apresentam como proposta de delimitação e classificação da paisagem as unidades de relevo. De acordo com Marçal e Luz (2003), em função de as unidades de relevo nessa região estarem extremamente relacionadas ao uso da terra, a vegetação não se torna um parâmetro considerável para a classificação das paisagens, uma vez que apenas são encontrados fragmentos florestais nos topos dos morros e maciços costeiros. A escolha da Geomorfologia como principal parâmetro para a delimitação das unidades de paisagem deve-se, também, em função das heterogeneidades físicas e naturais e da diferenciação entre serra e mar, que é uma característica marcante do litoral macaense (**Figuras 37, 38 e 39**).

Luz (2003) avaliou a suscetibilidade de paisagem na zona costeira do município de Macaé, a partir das modificações do uso da terra que vêm transformando e formando novas paisagens na região. Utilizando-se de mapeamentos geomorfológicos e de uso da terra, a autora identifica na área estudada nove unidades de paisagem, caracterizadas como: planície costeira urbanizada, planície flúvio-lagunar manejada, planície aluvial agrícola, superfície aplainada com pastagens subdivididas em domínios suave colinoso, colinoso, colinas dissecadas e colinas isoladas, além de maciços costeiros florestados e escarpa serrana degradada (**Figura 40**). De acordo com a autora, essas unidades foram enquadradas em quatro classes de paisagem denominadas regressiva, progressiva, equilibrada e estável,

Figura 37 — Serra de Macaé, na região da bacia hidrográfica de Macaé (RJ).
Foto M. S. Marçal.

com base na inter-relação entre a área da unidade de relevo e o percentual de intervenção, para o qual foi considerado o uso dominante (**Quadro 5**).

A organização espacial das unidades de paisagem foi avaliada por Luz (2003), com base no tamanho, na dinâmica atual e na sua evolução, definindo a classe de paisagem estável relacionada às unidades de relevo maciços costeiros, com altitudes acima de 200 metros, e escarpa serrana, com

Figura 38 — Relevo de serra na região da bacia hidrográfica de Macaé (RJ).
Foto M. S. Marçal

Figura 39 — Praia do Pecado, no município de Macaé (RJ).
Foto M. S. Marçal.

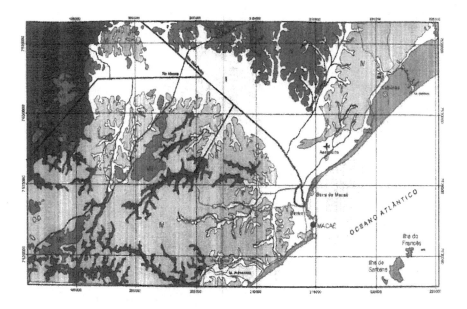

Figura 40 — Mapa de classificação das paisagens da zona costeira do município de Macaé (RJ) realizado por Luz (2003).

altitudes inferiores a 500 metros, em que os recursos naturais permanecem quase inalterados (**Figura 41**). Para a classe paisagem equilibrada, as unidades de relevo são domínio colinoso, com altitudes inferiores a 100 metros, domínio de colinas dissecadas, com altitudes entre 100 e 200 metros, e domínio de colinas isoladas, altitude inferior a 100 metros; essas unidades apresentam uso controlado, com alterações em metade das unidades (**Figura 42**). A classe paisagem progressiva compõe-se de unidades

Unidades de paisagem	Modelado	Unidades geológicas	Unidade de solos	Uso e cobertura do solo
1. UPs Planície costeira urbanizada	Terraços arenosos marinhos	Coberturas marinhas	Espodossolos Neossolos quartezarênicos	Vegetação de restinga Coberturas arenosas. Baixa intensidade de ocupação urbana
2. UPs Planície flúvio-lagunar manejada	Páleo-lagunas colmatadas	Coberturas flúvio-lagunares	Gleíssolos Organossolos	Pasto manejado Média a alta intensidade de ocupação urbana Áreas inundáveis Manguezal
3. UPs Planície aluvial agrícola	Planície de inundação Terraços fluviais	Coberturas aluvionares	Neossolos Flúvicos	Uso agrícola. Baixa intensidade de ocupação urbana
4. UPs Superfície aplainada com pastagem	Domínio suave colinoso Domínio colinoso Domínio de colinas dissecadas	Unidade Região dos Lagos Unidade São Fidélis Unidade Italva Grupo Barreiras	Argissolos Latossolos	Pasto natural. Pasto manejado. Solo exposto. Média a baixa intensidade de ocupação
5. UPs Maciços costeiros florestados	Vertentes	Unidade Região dos Lagos	Argissolos	Fragmentos florestais
6. UPs Escarpa degradada	Vertentes	Unidade Italva Unidade São Fidélis	Latossolos	Fragmentos florestais

Quadro 5 — Síntese das Unidades de Paisagem da Zona Costeira de Macaé, apresentada por Luz (2003).

de relevo do domínio suave colinoso, com altitude inferior a 50 metros, e a planície aluvial; essa classe apresenta-se bastante alterada, com elevado grau de intervenção e expansão do uso da terra (**Figura 43**). A classe de paisagem regressiva compreende as unidades de relevo planície costeira e planície flúvio-lagunar, na qual apresentam grandes transformações em função das modificações históricas para a ocupação do sítio urbano de Macaé (**Figura 44**).

Figura 41 — Unidade de relevo maciço costeiro na Serra do Segredo, definida por Luz (2003) como paisagem estável.
Foto L. M. Luz.

Figura 42 — Unidade de relevo domínio colinoso, definida por Luz (2003) como paisagem equilibrada.
Foto L. M. Luz.

GEOMORFOLOGIA E UNIDADE DE PAISAGEM

Figura 43 — Unidade de relevo domínio suave colinoso, definida por Luz (2003) como paisagem progressiva.
Foto L. M. Luz.

Figura 44 — Unidade de relevo planície costeira, definida por Luz (2003) como paisagem regressiva.
Foto L. M. Luz.

Para Luz (2003), o referencial da paisagem integrada permitiu entender a totalidade geográfica da área de estudo e a complexidade dos usos diferenciados que formam as unidades homogêneas e que tem como característica marcante a Geomorfologia.

4.2. METODOLOGIAS DE MAPEAMENTO GEOMORFOLÓGICO

A representação cartográfica do relevo não é uma tarefa muito fácil de se realizar, e isso certamente se deve à complexidade de informações necessárias que devem ser relatadas em uma base cartográfica, quando da realização dos trabalhos de mapeamento. O fato de o relevo ser um recurso imaterial (Venturi, 2004) talvez possa justificar toda a dificuldade e complexidade metodológica de representação do mesmo.

No entanto, a preocupação com metodologias aplicadas ao mapeamento geomorfológico não é uma questão atual no meio científico. Desde o início do século XX, principalmente após a Segunda Guerra Mundial, os mapas geomorfológicos tornaram-se de grande relevância, principalmente pelo fato de poderem apresentar informações com relação aos diversos tipos de ambientes (Troppmair e Munich, 1969).

A década de 1960 do século XX tornou-se um marco importante para as questões de representação cartográfica do modelado terrestre, em função de muitos países, sobretudo os europeus, apresentarem importantes propostas de sistematização e representação das diversas formas de relevo. De acordo com Ross (2002), a introdução dos conceitos de morfoestrutura e morfoescultura pelos soviéticos Gerasimov e Mescherikov, apoiados nas concepções de W. Penck, permitiu distinguir a diversidade de formas do relevo do nosso planeta e os mais importantes grupos genéticos.

De acordo com Mescerjakov (1968, *in* Ross, 2002), "as morfoestruturas se referem aos grandes conjuntos de relevos como cadeias de montanhas, maciços, planaltos, depressões sobre a superfície dos continentes e dos fundos oceânicos. Sob a ação de fatores exógenos são formados os elementos morfoesculturais do relevo, que se reportam às formas do relevo de ordem inferior como morainas, barcanas, formas cársticas etc.".

No entanto, apesar da grande contribuição desses pesquisadores soviéticos na caracterização e sistematização das diferentes formas de relevo, Ross (2002) ressalta que "os conceitos de morfoestrutura e morfoescultura, ao serem colocados como produtos decorrentes de processos endógenos e exógenos, se caracterizam como uma manifestação estática decorrente de processos morfogenéticos por essência dinâmicos, que se manifestam permanentemente ao longo dos tempos e nos diferentes espaços". Segundo o referido autor, a contribuição da obra *Generalização de Mapas Geomorfológicos* de J. Demek, publicada em 1965, possibilitou um novo olhar do ponto de vista da aplicação dos mapeamentos geomorfológicos, onde este define três unidades taxonômicas básicas: superfície geneticamente homogênea, como o menor *táxon*, citando como exemplo as vertentes; formas de relevo, como *táxon* intermediário, tendo como exemplo uma colina; e tipos de relevo, como *táxon* superior, correspondendo a conjuntos de formas de relevo semelhantes entre si.

Ainda na década de 60 do século XX, de acordo com Klimazewski, (1982, *in* Ross, 2002), a crescente preocupação com a sistematização das formas de relevo levou a International Geomorphological Union (IGU), através da comissão responsável pelos mapeamentos geomorfológicos, a estabelecer princípios que norteassem a elaboração das cartas geomorfológicas, definindo os seguintes parâmetros para sua construção (Ross, 2002):

1) deve ser resultante de mapeamento com controle de campo, recomendando-se o uso das fotografias aéreas para trabalhos em fotointerpretação;

2) são considerados de detalhe quando se trabalhar na escala de 1:10.000 a 1:100.000;

3) deve fornecer a visão completa do relevo, reconstituir seu passado e possibilitar o prognóstico das tendências de desenvolvimento futuro. Conter informações morfográficas, morfométricas e morfocronológicas;

4) todas as formas investigadas devem ser marcadas em um mapa por meio de símbolos em escala. Através dos símbolos e cores, as informações são representadas na perspectiva do tamanho, gênese e idade das formas;

5) a determinação da idade das formas (morfocronologia) é necessária porque introduz a ordem cronológica no conteúdo do mapa e ajuda a reconstruir o desenvolvimento geomorfológico e a prognosticar tendências de desenvolvimento futuro;

6) os dados litológicos devem ser marcados em símbolos especiais, preferencialmente no "fundo do mapa";

7) a legenda deve ser arranjada em uma ordem genético-cronológica;

8) o mapa geomorfológico de detalhe é de grande importância para o desenvolvimento da geomorfologia e para as investigações no campo da geomorfologia regional para grandes extensões territoriais, onde há variações climáticas e estruturais, sendo importante para aplicação prática e científica.

A pesquisa de Santos (2003) reúne os principais trabalhos relacionados à classificação do relevo do Brasil, mostrando que as propostas pioneiras datam do século XIX, com os relatos atribuídos a Aires de Cabral, que publicou, em 1817, o seu livro *Corografia Brasílica ou Relação Histórico-Geográfica do Reino do Brasil*. Posteriormente, destaca o trabalho de Delgado de Carvalho, denominado *Fisiografia do Brasil*, publicado em 1923, onde o autor reconhece a existência de quatro maciços brasileiros: maciços Atlântico, Central, Nortista e Guianense (Azevedo, 1949; Guerra, 1955).

Até a década de 40 do século XX, as propostas de classificação do relevo brasileiro misturavam as definições das unidades, empregando denominações geomorfológicas e geológicas, e caracterizaram-se pela generalização das formas de relevo do território brasileiro (Ross, 1985; Santos, 2003). Após esse período, aparecem os trabalhos de Affonso Várzea (1942), Fábio de Macedo Soares Guimarães (1943), Aroldo de Azevedo (1949), Antonio Teixeira Guerra (1955), onde a preocupação em empregarem termos eminentemente geomorfológicos aparecem, principalmente, nos trabalhos de Aroldo de Azevedo, em 1945, com sua publicação *O Planalto brasileiro e o problema da classificação de suas formas de relevo*, onde denominou as grandes unidades do relevo brasileiro em Planaltos e Planícies (Ross, 1985; Santos, 2003). Já na década de 1970 do século XX, o grande destaque está na obra de Ab'Sáber, que se baseou em conceitos relacionados a domínios morfoclimáticos e define a paisagem brasileira composta por seis grandes domínios morfoclimáticos.

Metodologia bastante conhecida atualmente é a do geógrafo Jurandyr Ross, que apresenta sua proposta baseada nas contribuições realizadas pelo geógrafo Aziz Ab'Sáber, nas décadas de 60 e 70 do século XX, em praticamente todos os relatórios e mapas produzidos pelo Projeto Radam Brasil na década de 1980 e nos conceitos de morfoestrutura e morfoescultura apresentados pelos soviéticos Gerasimov e Meschericov, na década de

GEOMORFOLOGIA E UNIDADE DE PAISAGEM   141

1960. Ross (1985) propõe uma classificação mais recente do relevo brasileiro, em seu artigo intitulado "Relevo Brasileiro: uma nova proposta de classificação". A sua proposta considerou três *táxons* para a macrocomparti-
mentação do relevo brasileiro, sendo o primeiro eminentemente geomorfológico, representado pelos planaltos, depressões e planícies. No segundo
táxon há uma tentativa de se classificarem os planaltos em função do caráter estrutural que apresentam e, deste modo, surgem os planaltos esculpi-
dos em bacias sedimentares, intrusões e coberturas residuais de plataforma,
núcleos cristalinos arqueados e cinturões orogênicos. O terceiro *táxon* define nominalmente cada unidade morfoescultural e se aplica tanto aos planaltos quanto às depressões e planícies. Dentro de tais concepções teórico-
metodológicas, Ross (1985) propõe 28 macrounidades geomorfológicas do
relevo brasileiro, que denominou unidades morfoesculturais.
    Ao se abordar o mapeamento geomorfológico de detalhe, nas últimas
décadas, diversas propostas metodológicas foram elaboradas, e todas apre-
sentaram em seu bojo as contribuições iniciais dos pesquisadores soviéticos,
mas também contribuíram com formas diferenciadas de se agruparem as
diferentes formas de relevo, o que permite a sua melhor representação cartográfica. Em seu livro *Geomorfologia, Ambiente e Planejamento* (1990), Ross
propõe uma metodologia para mapeamento geomorfológico em diferentes
escalas, indo desde as menores até as maiores, baseadas nos mesmos conceitos anteriores. Nessa segunda etapa da pesquisa sobre mapeamento geomorfológico, o autor chega ao sexto *táxon*, sendo nesse trabalho o primeiro
táxon as unidades morfoestruturais, o segundo *táxon* as unidades morfoesculturais, o terceiro *táxon* o modelado, o quarto *táxon* o conjunto de formas
semelhantes, o quinto *táxon* a dimensão de formas e o sexto *táxon* as formas
lineares do relevo. Essa metodologia, segundo o autor, abrange a macro-
compartimentação do relevo brasileiro até a microcompartimentação, em
escalas de até 1:25.000, antes feitas sem uma metodologia preestabelecida,
sendo fruto muitas vezes de trabalhos internacionais ou de conceitos e parâmetros estabelecidos pelos próprios autores dos mapas, trazendo grande
confusão aos mapas geomorfológicos brasileiros em escalas maiores.
    Em escala regional, as propostas de mapeamento geomorfológico que
mais se destacaram no Brasil foram as do Projeto Radam Brasil (1983),
Ponçano *et al.* (1981), Nunes (1995), Ross e Moroz (1997), Dantas
(2000), e Silva (2002). À exceção da proposta elaborada pelo Projeto

Radam Brasil, as demais se referem a mapeamentos geomorfológicos de São Paulo e do Rio de Janeiro.

A experiência desenvolvida pela equipe do Projeto Radam Brasil, na década de 1980, caracterizou-se como um marco referencial para os trabalhos de mapeamento no Brasil, possibilitando que os mapeamentos futuros apresentassem informações mais detalhadas sobre as diferentes morfologias em seu território. O Projeto estava ligado ao MME (Ministério de Minas e Energia), através do DNPM (Departamento Nacional da Produção Mineral), e tinha como objetivo apresentar o mapeamento do território brasileiro referente aos aspectos geológicos, geomorfológicos, pedológicos, vegetação e climáticos, além de estudos de uso potencial das terras para fins agropecuários, madeireiro, mineral e de aproveitamento hidrelétrico (Ross, 2002). O mapeamento sistemático foi realizado com base em imagens de radar na escala de 1:250.000 e publicados em 1:1.000.000 e, quase 10 anos depois, em 1995, o IBGE publicou o *Manual de Mapeamento Geomorfológico*, do qual participara para sua elaboração, a quase-totalidade da equipe pertencente ao então Projeto Radam Brasil. O manual apresenta uma versão metodológica do Projeto, distinguindo quatro níveis taxonômicos para representação do relevo: domínios morfoestruturais, regiões geomorfológicas, unidades geomorfológicas e tipos de modelado (Ross, 2002).

Para o Estado de São Paulo, Ross e Moroz (1997) apresentam o mapeamento geomorfológico na escala de 1:250.000, com base na proposta elaborada por Ross (1990). Foram representados os três primeiros *táxons* que indicam as macroformas do relevo do Estado de São Paulo, ou seja, o 1º *táxon* das morfoestruturas, o 2º *táxon* das morfoesculturas e o 3º *táxon* dos tipos de relevo ou padrões de formas semelhantes (**Figura 45**). Os autores justificam que o 4º, 5º e 6º *táxons* não foram representados, em função de exigirem escalas de representação de maior detalhe.

Para o Estado do Rio de Janeiro, duas propostas de mapeamento geomorfológico destacam-se no meio acadêmico. A primeira, desenvolvida por Dantas (2000), apresenta as suas bases metodológicas norteadas pelos conceitos de morfoestrutura e morfoescultura (Ross, 1990) e Sistemas de Relevo (Ponçano *et al.*, 1981). O autor utilizou ferramentas como levantamento bibliográfico, interpretação de mosaico de imagens de satélite Landsat TM (bandas 3, 4 e 5), na escala 1:500.000 e 1:250.000, junto a cartas topográficas na escala 1:50.000 e fotografias aéreas na escala

GEOMORFOLOGIA E UNIDADE DE PAISAGEM

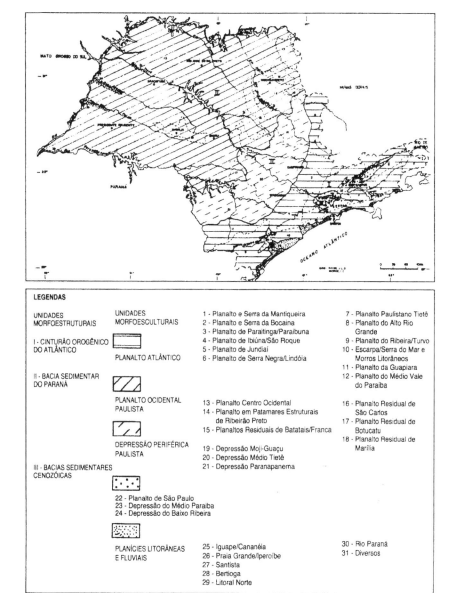

Figura 45 — Mapa Geomorfológico do Estado de São Paulo (Ross e Moroz, 1997).

1: 60.000. Dessa forma, foram identificadas as unidades morfoestruturais, morfoesculturais e os sistemas de relevo do Estado do Rio de Janeiro, além do mapeamento geomorfológico das cartas Volta Redonda/Ilha Grande, Rio de Janeiro, Macaé, Juiz de Fora-Ponte Nova e Campos/Cachoeiro do Itapemirim, que compõem o Estado em escala de 1:250.000 (**Figura 46**).

A Estruturação Geomorfológica do Planalto Atlântico no Estado do Rio de Janeiro apresentada por Silva (2002) aborda uma nova leitura da estruturação geomorfológica, baseada na aplicação da técnica de desnive-

Figura 46 — Mapa Geomorfológico da Folha Macaé (SF.24-Y-A) na escala 1:250.000 (Dantas, 2000).

GEOMORFOLOGIA E UNIDADE DE PAISAGEM   145

Legenda do Mapa Geomorfológico da Folha Macaé (SF.24-Y-A)
(Modificado de Dantas, 2000)

SISTEMA DE RELEVO

Relevos de Agradação

Continentais

Planícies Aluviais (planícies de inundação, Terraços Aluviais e Leques Alúvio-Coluviais)

Litorâneos

121 Planícies Costeiras (Terraços Arenosos de terraços Marinhos, cordões Arenosos e Campos de Dunas)

122 Planícies Colúvio-Aluvio-Marinhas (Terrenos Argilo-Arenosos das Baixadas)

124 Planícies Flúvio-Lagunares (Terrenos Argilosos Orgânicos de Paleo-Lagunas Colmatadas)

Relevos de Degradação

Relevos de Degradação Sobre Depósitos Sedimentares

211 Tabuleiros

Relevos de Degradação entremeados na Baixada

221 Colinas isoladas

222 Morrotes e Morros Baixos isolados

223 Alinhamentos Serranos isolados e "Pães de Açúcar"

Relevos de Degradação em planaltos Dissecados ou Superfícies Aplainadas

231 Domínio Suave Colinoso

232 Domínio Colinoso (zona típica do domínio do "Mar dos Morros")

233 Domínio Colinas Dissecadas, Morrotes e Morros Baixos

233 Alinhamentos Serranos e Degraus Estruturais

Relevos de Degradação Sustentados por Litologias Específicas

241 Maciços intrusivos Alcalinos

Relevos de Degradação em Áreas Montanhosas

252 Escarpas Serranas

253 Escarpas Serranas Degradadas e Degraus em bordas de Planalto

lamento altimétrico em bacias de drenagem de até 2ª ordem, proposta por Meis *et al.* (1982). Segundo Silva (2002), "as cartas morfoestruturais foram elaboradas e editadas na escala 1:50.000 e apresentadas na escala de 1:250.000, permitindo avaliar sua aplicabilidade na compreensão da evolução geomorfológico-geológica". Em sua proposta, foram delimitadas feições de degraus escarpados, degraus e/ou serras reafeiçoados, morros, colinas e planícies fluviais e/ou flúvio-marinhas, cuja organização espacial orientou a definição das unidades de relevo, regiões e domínios morfoestruturais (**Figura 47**). Silva (2002) enfatiza que a utilização dessa metodologia pode ser aplicada em diferentes escalas nos domínios do Planalto

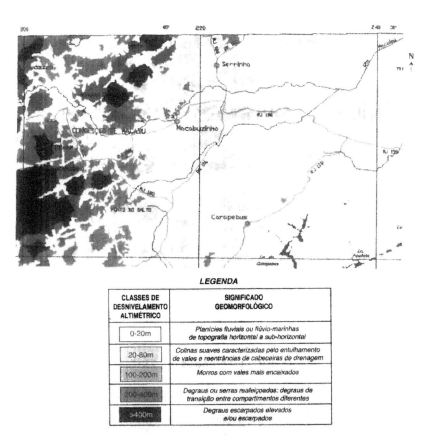

Figura 47 — Trecho do Mapa Geomorfológico apresentado originalmente na escala de 1:250.000 da Folha Macaé, realizado por Silva (2002).
(Modificado de Silva, 2002.)

Atlântico e contribuir para a "retomada da discussão das superfícies de aplainamento identificadas para o Sudeste brasileiro".

Todas as propostas de mapeamento geomorfológico são de grande importância, uma vez que se torna um considerável instrumento de apoio a projetos de planejamento e gestão dos Estados do Rio de Janeiro e de São Paulo. Para os trabalhos de cunho mais regional, essas metodologias atendem de forma satisfatória à realização da representação cartográfica do relevo, mesmo que elas se diferenciem em seus conteúdos teórico-metodológicos. Esses trabalhos também correspondem a uma importante contribuição para a realização de mapeamentos em escala regional para a totalidade do território brasileiro. A aplicação e a escolha da metodologia adequada vão depender da área a ser trabalhada, em razão de as metodologias não poderem adequar-se em áreas diversificadas do ponto de vista morfológico, no Brasil.

5. CONCLUSÕES

A inquietante preocupação com a questão ambiental e social tem tornado cada vez mais evidente a necessidade de se estabelecerem diretrizes de trabalho voltadas ao planejamento e gestão da paisagem. Atualmente, as abordagens voltadas às análises ambientais buscam a compreensão dos processos, a partir de uma perspectiva interdisciplinar e, sobretudo, integrada e holística dos fenômenos que interagem na natureza. A busca da compreensão da complexidade ambiental aponta para que as soluções de seus problemas sejam realizadas com base nas múltiplas opções de variação de *inputs* de energia a que o sistema é submetido como um todo. O comportamento irregular e não linear dos fenômenos que interagem na superfície terrestre permite o desenvolvimento de múltiplas paisagens, suscetíveis a uma gama de variações e intervenções ao longo do tempo.

Nessa perspectiva, a Geomorfologia caracteriza-se pela interação dos aspectos físicos e sociais que compõem a paisagem, e possibilita, pelo seu estudo, o entendimento da origem e evolução das formas do relevo terrestre, relacionando a paisagem atual com as pretéritas. A abordagem ambiental, nos estudos geomorfológicos, abrange a compreensão das relações do homem com a natureza, dando-lhe suporte técnico importante para se trabalhar a questão ambiental dentro de uma ótica integradora. Sua análise possibilita, ainda, congregar metodologias aos estudos relacionados à questão ambiental, particularmente aos voltados à organização e gestão do espaço territorial.

No campo teórico e conceitual sobre a paisagem, as suas diferentes abordagens possibilitaram, ao longo das últimas décadas, a condução do seu entendimento dentro de uma perspectiva sistêmica e integrada da natureza. Atualmente, seu conceito é trabalhado a partir de uma visão geossistêmica, compreendida através da interação entre os fenômenos e processos que interagem e se inter-relacionam na superfície terrestre. O geossistema, compreendido como a expressão da relação e/ou interação entre os aspectos físicos e naturais, sob a influência das atividades da sociedade, vem possibilitando caracterizar, no âmbito dos estudos geográficos, metodologias capazes de sistematizar um melhor conhecimento das variáveis ambientais que se articulam na superfície da Terra. Essa abordagem conduz, por sua vez, à identificação de unidades territoriais com dinâmicas semelhantes, que podem ser enquadradas em classificações diversas e aplicadas ao planejamento territorial.

A possibilidade de transformação do conceito de paisagem como unidade ambiental permite, também, a delimitação de unidades homogêneas, dando-lhe um caráter menos abstrato. Designadas como unidades de paisagem, essas unidades homogêneas definem-se por apresentar características funcionais, morfológicas e dinâmicas bastante semelhantes, que individualizam padrões homogêneos de paisagem.

Ressalta-se, contudo, que as unidades de paisagem correspondem a um recurso metodológico importante e já bastante utilizado por vários pesquisadores no âmbito da Geografia Física. A sua aplicação em projetos voltados ao planejamento ambiental, em termos regionais e locais, pode contribuir, de forma relevante, na preservação e conservação de paisagens. As metodologias de classificação da paisagem apresentadas hoje, nas literaturas geográficas, nacionais e internacionais, abordam o conhecimento geomorfológico como prioritário na integração dos aspectos físicos e sociais.

Nesse sentido, a Geomorfologia pode servir de parâmetro importante de delimitação das unidades de paisagem, quando a área trabalhada expressar prioritariamente a relação do uso da terra com as formas de relevo; do contrário deve-se considerar o aspecto ambiental relevante para sua delimitação, conforme orientação de Venturi (1997). A contribuição metodológica do conhecimento geomorfológico passa pela cartografia do relevo, com a representação das formas e processos que lhe são inerentes através de mapeamentos em escalas variadas, o que hoje já é bastante sistematizado na literatura geográfica. O dimensionamento das unidades de paisagem, através das unidades de relevo, possibilitará um conhecimento ordenado do uso e ocupação da terra, ao mesmo tempo em que, através da utilização de técnicas de geoprocessamento, apresentará e quantificará informações que auxiliarão um melhor enquadramento no sistema de classificação da paisagem.

O desafio de buscar e adequar metodologias para o diagnóstico da situação real em que se encontram os recursos naturais, numa determinada área, constitui-se em um instrumento necessário para a preservação da natureza, e as unidades de paisagem, definidas como espaços operacionais, mostram que podem representar uma ferramenta útil para estabelecer critérios de planejamento sustentável.

Enfim, a construção desse capítulo pautou-se na importância que o conhecimento geomorfológico tem no estudo integrado da paisagem, podendo, através de metodologias adequadas como o mapeamento geomorfológico, contribuir de forma sistemática para os estudos de planejamento ambiental. Para o desenvolvimento dessa metodologia, objetivou-se, ainda, apresentar uma contribuição da evolução do conceito de paisagem e unidade de paisagem, a partir das várias escolas de Geografia Física, que foram importantes para nortear estudos e pesquisas voltados à compreensão, preservação e conservação das paisagens.

CAPÍTULO 4

CONSIDERAÇÕES FINAIS

O livro *Geomorfologia Ambiental* se propôs a abordar uma série de temas relacionados à Geomorfologia, de forma a fornecer ao leitor uma visão integrada da Ciência Geomorfológica e, ao mesmo tempo, verticalizar em temas que são de interesse na atualidade, como os aspectos conceituais e teóricos sobre paisagem e unidades de paisagem, que balizam grande parte das pesquisas nesse campo do saber, no país.

Seguindo esse raciocínio, o livro abordou, de forma bem detalhada, a Geomorfologia Ambiental — seus conceitos, temas e aplicações, através de uma série de exemplos nacionais —, bem como os temas relacionados à Geomorfologia Urbana, Rural e de Planejamento, assim como uma série de aplicações que a Geomorfologia tem tido nos dias de hoje, podendo-se destacar: turismo, exploração de recursos minerais, aproveitamento de recursos hídricos, produção de energia hidrelétrica, saneamento básico, Unidades de Conservação, áreas costeiras, EIAs-RIMAs, diagnóstico de áreas degradadas, movimentos de massa, erosão dos solos, linhas de transmissão de energia elétrica e recuperação de áreas degradadas. É claro que existem outras áreas em que os conhecimentos geomorfológicos podem ser aplicados, no sentido de promover uma ocupação equilibrada da superfície terrestre, mas, uma vez que esgotar o assunto não era a intenção dos autores do livro, eles optaram por essas temáticas.

Complementando, o Capítulo 3 deste livro destacou a Geomorfologia e as Unidades de Paisagem, incluindo aspectos que relacionam a Geomorfologia no contexto da análise ambiental, onde enfatiza a importância da evolução da abordagem sistêmica na compreensão, organização e inter-relação dos sistemas naturais, sociais e econômicos na análise ambiental, ressaltando a importância dos estudos geomorfológicos nessa perspectiva metodológica. O capítulo seguiu apresentando as diferentes abordagens do conceito de paisagem e unidades de paisagem no âmbito das escolas de Geografia Física, destacando que a evolução desses conceitos adquiriu, ao longo de sua evolução, orientações teórico-metodológicas variadas, e eles foram construídos de maneira diferenciada, de acordo com os diferentes horizontes epistemológicos. Destacou-se ainda, a importância da Geomorfologia no estudo integrado da paisagem, que é um dos objetivos deste livro, mostrando as possibilidades de aplicação de metodologias do mapeamento geomorfológico, que são tantas nos dias de hoje.

A importância da Geomorfologia para o desenvolvimento das sociedades tem sido cada vez mais apreciada pelos governos de vários países. No sentido de poder contar com esse ramo do conhecimento não só para melhorar a exploração de recursos naturais, mas também para se poder atingir o desenvolvimento sustentável, que tem sido alvo de discussão por parte de quase todos os países, a Geomorfologia Ambiental, discutida neste livro, procura dar sua parcela de contribuição para que esses objetivos possam ser alcançados, nos diversos níveis, através da adoção de políticas públicas que levem em conta esses conhecimentos.

Por outro lado, sabemos que não é fácil atingir os objetivos de se conseguir chegar ao desenvolvimento sustentável, em especial nos países em desenvolvimento, uma vez que os recursos naturais são, quase sempre, alvo de exploração irracional, não levando em conta os limites da natureza nem a legislação ambiental existente. Ou seja, o que também temos visto em várias partes do mundo e aqui no Brasil é que as atividades humanas, na maioria das vezes, têm tido um potencial para degradar os solos, o relevo, os corpos líquidos, as bacias hidrográficas, como um todo, enfim, toda a sorte de impactos ambientais negativos, muitas vezes irreversíveis. Mais uma vez, destacamos a importância do livro *Geomorfologia Ambiental*, porque através dos temas abordados nos seus capítulos procura levar aos pesquisadores, professores, estudantes, técnicos dos vários níveis da administração direta e indireta, profissionais ligados a ONGs, bem como a todos aqueles preocupados com a questão ambiental, a idéia de que é possível atuar preventivamente, conhecendo-se melhor os temas geomorfoló-

CONSIDERAÇÕES FINAIS

153

gicos aqui abordados. No caso de certas áreas sofrerem danos ambientais, e isso infelizmente é bem comum no Brasil, a Geomorfologia também pode ter um papel relevante no sentido de auxiliar no diagnóstico e na recuperação dessas áreas degradadas, como enfatizamos no livro.

Em muitas áreas, as maiores ameaças de degradação ambiental devem-se às atividades desenvolvidas pelas indústrias, em outras referem-se à exploração de recursos naturais. A expansão urbana crescente e desordenada, que ocorre em várias partes do mundo também tem causado toda a sorte de danos ao meio ambiente, assim como a agricultura e a pecuária, que não levam em conta práticas conservacionistas. Os geógrafos e geólogos estão entre os profissionais indicados para atuar em grupos interdisciplinares, procurando difundir os conhecimentos da Geomorfologia Ambiental, no sentido de evitar que os danos que temos visto ao longo da nossa história, e que este livro também aborda, possam ser evitados ou pelo menos minimizados e, quando já tiverem ocorrido, possam ser mitigados.

Destaca-se, aqui, que o interesse dos autores pela temática abordada e discutida no livro *Geomorfologia Ambiental* se deu em função do acúmulo das pesquisas desenvolvidas ao longo de 15 anos no Laboratório de Geomorfologia Ambiental e Degradação dos Solos (LAGESOLOS) do Departamento de Geografia da Universidade Federal do Rio de Janeiro (UFRJ). As pesquisas que vêm sendo realizadas apontam para a crescente necessidade de se estabelecerem metodologias que busquem a integração do conhecimento do meio físico com as relacionadas à intervenção da sociedade sobre o espaço ocupado.

Finalizando, cada capítulo procurou enfocar aspectos relevantes da Geomorfologia, que possam, ao mesmo tempo, ter um caráter de pesquisa básica, assim como sua aplicação a diversos ramos de atuação da sociedade, na superfície terrestre, de forma que esses conhecimentos possam, de forma simples, ser difundidos a todos aqueles do mundo acadêmico, ou não, no sentido de uma vida mais saudável para todos os seres e para o meio físico do planeta Terra. Reconhecemos que possam ter ficado de fora alguns temas relevantes, no âmbito da Geomorfologia Ambiental, que poderão ser complementados mais adiante pelos autores deste livro.

CAPÍTULO 5

BIBLIOGRAFIA

ABRAHAMS, A.D. (1986). *Hillslope Processes.* Londres, Allen and Unwin, 416p.

ABREU, A.A. (2003). A Teoria Geomorfológica e sua Edificação: Análise Crítica. *In: Revista Brasileira de Geomorfologia.* União da Geomorfologia Brasileira. Ano 4, nº2, pp. 51-67.

ALMEIDA, F.G. GUERRA, A.J.T. (2004). Erosão dos Solos e Impactos Ambientais na Cidade de Sorriso (Mato Grosso). *In: Impactos Ambientais Urbanos no Brasil.* A.J.T.Guerra e S.B. Cunha (orgs.) Rio de Janeiro, Bertrand Brasil, 2ª edição, pp. 253-274.

ARGENTO, M.S.F. (2005). Mapeamento Geomorfológico. *In: Geomorfologia: Uma Atualização de Bases e Conceitos.* Guerra, A.J.T. & Cunha, S.B. (orgs) Rio de Janeiro, Bertrand Brasil, 6ª edição, pp. 365-391.

AZEVEDO, A. de (1949). O Planalto brasileiro e o problema da classificação de suas formas de relevo. *In: Boletim Paulista de Geografia.* nº 2, pp. 43-53.

BACCARO, C.A.D. (1999). Processos Erosivos no Domínio do Cerrado. *In: Erosão e Conservação dos Solos — Conceitos, Temas e Aplicações.* A.J.T. Guerra, A.S. Silva e R.G.M. Botelho (orgs.). Rio de Janeiro, Bertrand Brasil, pp. 195-227.

BEER, T. (1983). *Environmental Oceanography.* Oxford, Pergamon Press, 262p.

BERMANN, C. (2003). Energia, Patrimônio Ambiental e Sustentabilidade no Brasil. *In: Patrimônio Ambiental Brasileiro.* W.C. Ribeiro (org.). São Paulo, Editora da Universidade de São Paulo, pp. 243-279.

BERTRAND, G. (1971). *Paisagem e Geografia Global. Esboço Metodológico* São Paulo, Universidade de São Paulo, Instituto de Geografia, Cadernos de Ciências da Terra, (13) pp. 1-27.

BOLÓS, MC. (1981). Problemática Actual de los Estudios de Paisaje Integrado. *Revista de Geografia,* Barcelona, v.15, 1-2, pp. 45-68.

BOTELHO, R.G.M. (1999). Planejamento Ambiental em Microbacia Hidrográfica. *In: Erosão e Conservação dos Solos — Conceitos, Temas e Aplicações.* A.J.T. Guerra, A.S. Silva e R.G.M. Botelho (orgs.). Rio de Janeiro, Bertrand Brasil, pp. 270-300.

BROOK, D. e MARKER, B. (1988). Geomorphological Information Needed for Environmental Policy Formulation. *In: Geomorphology in Environmental Planning.* J.M. Hooke (org.). Plymouth John Wiley and Sons Ltd., pp. 247-260.

BROOKES, A. e GREGORY, K. (1988). Channelization, River Engineering and Geomorphology. *In: Geomorphology in Environmental Planning:* J.M. Hooke (org.).Plymouth, John Wiley and Sons Ltd., pp. 145-167.

BRUNSDEN, D. (1988). Slope Instability, Planning and Geomorphology in the United Kingdom. *In: Geomorphology in Environmental Planning.* J.M. Hooke (orgs.). Plymouth, John Wiley and Sons Ltd., pp. 105-119.

_____. (2001). A critical assessment of the sensitivity concept in geomorphology. *Catena* 42, pp. 99-123.

CAMARGO, L.H.R. (1999). O Tempo, o Caos e a Criatividade Ambiental: Uma Análise em Ecologia Profunda da Natureza Auto-Organizada. Dissertação de Mestrado, Unesa, Rio de Janeiro, 189p.

_____. (2002). A Geografia da Complexidade: O Encontro Transdisciplinar da Relação Sociedade e Natureza. Tese de Doutorado Programa de Pós-Graduação em Geografia, UFRJ, 207p.

CAPRA, F. (1996). *A Teia da Vida: Uma Nova Compreensão Científica dos Sistemas Vivos.* São Paulo, Cultrix/Amaná Key, 255p.

CARRERA-FERNANDEZ, J. GARRIDO, R.J.S. (2003). Impactos da nova política nacional de águas sobre os setores usuários de recursos hídricos. *In:* Salvador, Secretaria de Planejamento da Bahia, pp. 467-480.

CARVALHO, E.T. (2001). *Geologia Urbana para Todos — Uma Visão de Belo Horizonte.* Belo Horizonte, Edição do autor, 175p.

CASSETI, V. (1991). *Ambiente e Apropriação do Relevo.* São Paulo, Editora Contexto.

_____. (1994). *Elementos de Geomorfologia.* Goiânia, Editora da UFG, 137p.

CHORLEY, R.J. (1962). Geomorphology and general systems theory, U.S. Geol. Survey Prof. Paper, 500-B, 10pp. (Transcrito em *Notícias Geomorfológicas*, 11 (21), pp. 3-22, 1971).

BIBLIOGRAFIA

CHORLEY, R.J., DUNN, A.J. & BECKINSALE, R.P. (1964). *The history of the study of landforms or the development of Geomorphology*, vol.1: Geomorphology before Davis. Londres, Methuen.

CHRISTOFOLETTI, A. (1980). *Geomorfologia*. 2ª edição, São Paulo, Edgard Blücher. 149p.

_____. (1999). *Modelagem de Sistemas Ambientais*. São Paulo, Editora Edgard Blücher Ltda. 236p.

_____. (2004). Sistemas Dinâmicos: As Abordagens da Teoria do Caos e da Geometria Fractal em Geografia. *In: Reflexões sobre a Geografia Física no Brasil*. Vitte, A.C. e Guerra, A.J.T. (orgs.) Rio de Janeiro, Bertrand Brasil. pp. 89-110.

_____. (2005) Aplicabilidade do Conhecimento Geomorfológico nos Projetos de Planejamento, *In: Geomorfologia: Uma Atualização de Bases e Conceitos*. Guerra, A.J.T. (orgs.) e Cunha, S.B. (orgs.) Rio de Janeiro, Bertrand Brasil, 6ª edição, pp. 415-441.

COELHO, M.C.N. (2004). Impactos Ambientais em Áreas Urbanas. *In: Guerra, A.J.T. Cunha, S.B. (orgs.) Impactos Urbanos no Brasil*. Rio de Janeiro, Bertrand Brasil, 2ª edição, pp. 19-45.

COATES, D.R. (1981). *Environmental Geology*. Nova York. John Wiley and Sons Ltd., 701p.

COOKE, R.U. & DOORNKAMP, J.C. (1977). *Geomorphology in Environmental Management — An Introduction*. Oxford, Oxford University Press, 413p.

_____. (1990). *Geomorphology in Environmental Management - - An Introduction*. Oxford, Oxford University Press, 2ª edição, 410p.

COOKE, R.U., BRUNSDEN, D., DOORNKAMP, J.C. & JONES, K.K.C. (1985). Urban Geomorphology in Drylands. Oxford, Oxford University Press, 324p.

CRABTREE, B. (1988). Urban River Pollution in the UK: the WRc River Basin Management Programme. *In: Geomorphology in Environmental Planning*. Plymouth, John Wiley and Sons Ltd, pp.169-185.

CUNHA, S.B. & GUERRA, A.J.T. (2003). A Questão Ambiental: Diferentes Abordagens (orgs.). Rio de Janeiro, Bertrand Brasil, 224p.

_____. (2004). Degradação Ambiental. *In: Geomorfologia e Meio Ambiente*. Guerra, A.J.T. & Cunha, S.B. (orgs.) Rio de Janeiro, Bertrand Brasil, 5ª edição, pp. 337-379.

DANTAS, M.E. (2000). Mapa geomorfológico do Estado do Rio de Janeiro. Brasília: CPRM. Escala: 1:250.000. CD-ROM.

ERHART, H. (1966). A teoria Bio-Resistásica e os Problemas Biogeográficos e Paleobiológicos. *Notícias Geomorfológicas*, Ano VI, nº 11, Campinas, pp. 51-58.

FERNANDES, N.F. & AMARAL, C.P. (2002). Movimentos de Massa: Uma Abordagem Geológico-Geomorfológica. *In: Geomorfologia e Meio Ambiente*. A.J.T. Guerra e S.B. Cunha (orgs.) Rio de Janeiro, Bertrand Brasil, 4ª edição, pp. 123-194.

FERREIRA, M.C. (1997). Mapeamento de Unidades de Paisagem em Sistemas de Informação Geográfica: alguns pressupostos fundamentais. *Geografia*. Rio Claro, vol. 22 (1): 23-35.

FULLEN, M.A. & CATT, J.A. (2004). *Soil Management — Problems and Solutions*. Londres, Arnold Publisher, p. 269.

GAGEN, P. & GUNN, J. (1988). A Geomorphological Approach to Limestone Quarry Restoration. *In: Geomorphology in Environmental Planning*. J.M. Hooke, (org.). Bath, John Wiley and Sons, 121-142.

GAMA, S.V.G. (2002). Contribuição Metodológica à Gestão Ambiental Integrada de Unidades de Conservação — o Caso do Maciço Gericinó-Mendanha — Zona Oeste do Município do Rio de Janeiro/RJ. Tese de Doutorado. Programa de Pós-Graduação em Geografia, UFRJ, 203p.

GARCIA, M. & GUERRA, A.J.T. (2003). Environmental Impacts of hydroelectric power station — A Brazilian case study. *Geography Review*, 17, 1, 11-14.

GERRARD, J. (1992). *Soil Geomorphology — An Integration of Pedology and Geomorphology*. Londres, Chapman & Hall, 269p.

GLOSSARY OF SOIL SCIENCE TERMS (1987). Wisconsin, Soil Science Society of America, 44p.

GONDOLO, G.C.F. (1999). *Desafios de um Sistema Complexo à Gestão Ambiental — Bacia do Guarapiranga, região metropolitana de São Paulo*. São Paulo, FAPESP, Annablume Editora, 162p.

GONÇALVES, L.F.H. & GUERRA, A.J.T. (2004). Movimentos de Massa na Cidade de Petrópolis (Rio de Janeiro). *In: Impactos Ambientais Urbanos no Brasil*. A.J.T. Guerra e S.B. Cunha (orgs.). Rio de Janeiro, Bertrand Brasil, 2ª edição, pp. 189-252.

GOUDIE, A. (1985). *The Enciclopaedic Dictionary of Physical Geography*. Oxford, Basil Blackwell Ltd., 528p.

_____. (1989). *The Nature of the Environment*. Oxford, Basil Blackwell, 2ª edição. 370p.

BIBLIOGRAFIA

_____. 1990). *The Human Impact on the Natural Environment*. Oxford, Basil Blackwell Ltd., 388p.

_____.(1995). *The Changing Earth — Rates of Geomorphological Processes*. Oxford, Blackwell Publishers, 302p.

GOUDIE, A. & VILES, H. (1997). *The Earth Transformed — An Introduction to Human Impacts on the Environment*. Oxford, Blackwell Publishers, 276p.

GREGORY, K.J. (1992). *A Natureza da Geografia Física*. Rio de Janeiro, Bertrand Brasil, 367p.

GUERRA, A.J.T. (1999). O Início do Processo Erosivo. *In: Erosão e Conservação dos Solos — Conceitos, Temas e Aplicações*. A.J.T. Guerra, A.S. Silva e R.G.M. Botelho (orgs.). Rio de Janeiro, Bertrand Brasil, pp. 15-55.

_____. (2002). Processos Erosivos nas Encostas. *In: Geomorfologia — Exercícios, Técnicas e Aplicações*. S.B. Cunha e A.J.T. Guerra. (orgs.). Rio de Janeiro, Bertrand Brasil, 2ª edição, pp. 139-155.

_____. (2003a). A contribuição da Geomorfologia no estudo dos recursos hídricos. *In: Bahia — Análise e Dados*. Salvador, Secretaria de Planejamento da Bahia, pp. 385-389.

_____. (2003b). Encostas e a Questão Ambiental. *In: A Questão Ambiental — Diferentes Abordagens*. S.B.Cunha e A.J.T. Guerra. (orgs.). Rio de Janeiro, Bertrand Brasil, 191-218.

_____. (2005). Processos Erosivos nas Encostas. *In: Geomorfologia — Uma Atualização de Bases e Conceitos*. A.J.T. Guerra e S.B. Cunha. (orgs.). Rio de Janeiro, Bertrand Brasil, 6ª edição, pp. 149-209.

GUERRA, A.J.T. & CUNHA, S.B. (2003). *Geomorfologia e Meio Ambiente*. Rio de Janeiro, Bertrand Brasil, 394p.

_____. (2004). *Impactos Ambientais Urbanos no Brasil*. Rio de Janeiro, Bertrand Brasil, 2ª edição, 416p.

_____. (2005). *Geomorfologia — Uma Atualização de Bases e Conceitos*. Rio de Janeiro, Bertrand Brasil, 6ª edição, 472p.

GUERRA, A.J.T. MENDONÇA, J.K.S. (2004). Erosão dos Solos e a Questão Ambiental. *In: Reflexões sobre a Geografia Física no Brasil*. A.C. Vitte e A.J.T. Guerra. (orgs.). Rio de Janeiro, Bertrand Brasil, pp. 225-256.

GUERRA, A.J.T., SOARES DA SILVA, A. & BOTELHO, R.G.M. (1999). *Erosão e Conservação dos Solos*. Rio de Janeiro, Bertrand Brasil, 339p.

GUERRA, A. T. (1955). Notas sobre o relevo do Brasil. *In:* Boletim Geográfico. Ano XIII, jan-fev 1955, nº 124, pp. 84-96.

GUERRA, A.T. & GUERRA, A.J.T. (2003). *Novo Dicionário Geológico-Geomorfológico*. Rio de Janeiro, Bertrand Brasil, 3ª edição, 648p.

GUIMARÃES, F.M.S. (1943). Relevo do Brasil. *In: Boletim Geográfico.* Ano I, n.º 4, julho de 1943, Rio de Janeiro, pp. 62-73.

HACK, J.T. (1960) Interpretation of erosional topography in humid temperate regions. *American Journal of Science* (258-A), pp. 80-97. (Transcrito em *Notícias Geomorfológicas,* 12 (24), 1972).

HADLEY, R.F., LAL, R., ONSTAD, C.A., WALING, D.E. & YAIR, A. (1985). *Recent Developments in Erosion and Sediment Yield Studies. Technical Documents in Hydrology.* Paris, International Hydrological Programme, UNESCO, 127p.

HANSEN, M.J. (1984). Strategies for classification of landslides. *In: Slope Instability.* D. Brunsden e D. Prior (orgs.). Salisbury, John Wiley and Sons Ltd., pp. 1-25.

HART, M.G. (1986). *Geomorphology — Pure and Applied.* Londres, Allan and Unwin Publishers, 228p.

HASSET, J.J & BANWART, W.L. (1992). *Soils and their Environment.* New Jersey, Prentice Hall, 424p.

HOOKE, J.M. (1988). *Geomorphology in Environmental Planning.* Plymouth, John Wiley and Sons Ltd., 274p.

HUGGET, R. J. (1995). *Geoecology: an evaluation approach.* Ed. London, Routledge, 320 p.

JACOBI, P. (2003). Movimento Ambientalista no Brasil: Representação Social e Complexidade da Articulação de Práticas Coletivas. *In: Patrimônio Ambiental Brasileiro.* W.C. Ribeiro. (orgs.). São Paulo, Editora da Universidade de São Paulo, pp. 519-543.

JARDI, M. (1990). Paisaje:¿ una síntesis geográfica?. *Revista de Geografia,* vol. XXIV, Barcelona, pp. 43-60.

KING, C.A.M. (1975). *Introduction to Physical and Biological Oceanography.* Londres, Edward Arnold Publishers Ltd., 372p.

KING, L.C. (1953). Canons of Landscape Evolution. *Bulletin of Geology Society of America,* Washington, vol. 64, n°. 7, pp. 721-732.

LAW, D.L. & HANSEN, W.F. (2004). Native plants and fertilization help to improve sites and stabilize gullies on the Sumter National Forest. *In:* 3rd International Symposium on Gully Erosion (*Book of Abstracts*). Oxford, The University of Mississipi Press, pp. 31-32.

LEFF, E. (2001). *Epistemologia Ambiental.* Tradução de Sandra Valenzuela, São Paulo, Cortez Editor, 240p.

LEWIN, J. (1966). A Geomorphological Study of Slope Profiles in the New Forest — UK. Tese de Doutorado, Universidade de Southampton, Inglaterra.

BIBLIOGRAFIA

LIMA-e-SILVA, P.P., GUERRA, A.J.T., MOUSINHO, P., BUENO, C., ALMEIDA, F.G., MALHEIROS, T. & SOUZA Jr., A.B. (2002). *Dicionário Brasileiro de Ciências Ambientais*. Rio de Janeiro, Editora Thex, 2ª edição, 251p.

LIMA-e-SILVA, P.P., GUERRA, A.J.T. & DUTRA, L.E.D. (2004). Subsídios para Avaliação Econômica de Impactos Ambientais. *In: Avaliação e Perícia Ambiental*. S.B. Cunha e A.J.T. Guerra (orgs.). Rio de Janeiro, Bertrand Brasil, 5ª edição, pp. 217-261.

LUZ, L. M. (2003). Suscetibilidade de Paisagem na Zona Costeira do Município de Macaé e Indicadores de Qualidade Ambiental da Orla Marítima — Litoral Norte Fluminense. (Dissertação de Mestrado) Programa de Pós-Graduação em Geografia, UFRJ, 141p.

MANTOVANI, W. (2003). A Degradação dos Biomas Brasileiros. *In: Patrimônio Ambiental Brasileiro*. W.C. Ribeiro (org.). São Paulo, Editora da Universidade de São Paulo, pp. 367-439.

MARÇAL, M.S. (2000). Suscetibilidade à erosão dos solos no Alto Curso da Bacia do rio Açailândia — Maranhão. Tese de Doutorado, UFRJ, 208p.

MARÇAL, M.S. & GUERRA, A.J.T. (2004). Processo de Urbanização e Mudanças na Paisagem da Cidade de Açailândia (Maranhão). *In: Impactos Ambientais Urbanos no Brasil*. A.J.T.Guerra e S.B. Cunha (orgs.). Rio de Janeiro, Bertrand Brasil, 2ª edição, pp. 275-303.

MARÇAL, M.S., LUZ, L.M., DIOS, C.B. SANTOS, A.G. dos (2002). Avaliação dos Problemas Ambientais no Litoral Norte Fluminense (RJ) — Área de Influência da Bacia Petrolífera de Campos. *In:* IV Simpósio Nacional de Geomorfologia, São Luís. CD-ROM.

MARÇAL, M.S., & LUZ, L.M., (2003). Planejamento e Gestão da Bacia do Rio Macaé — Litoral Norte Fluminense, com base em estudos integrados de Geomorfologia e Uso do Solo. *In:* IX Congresso da Associação Brasileira do Quaternário (ABEQUA), Recife. CD-ROM.

MARQUES, J.S. (2005). Ciência Geomorfológica. *In: Geomorfologia — Uma Atualização de Bases e Conceitos*. Guerra, A.J.T. & Cunha, S.B. (orgs.). Rio de Janeiro, Bertrand Brasil, 6ª edição, pp. 23-50.

MARTINELLI, M. & PEDROTTI, F. (2001). A Cartografia das Unidades de Paisagem: Questões Metodológicas. *Revista do Departamento de Geografia* nº 14, pp. 39-46.

MAURO, C.A. *et al.* (1997). *Laudos Periciais em Depredações Ambientais*. Laboratório de Planejamento Municipal — DPR — IGCE — UNESP. Rio Claro, Editora da Unesp, Rio 254p.

MEIS, M.R.M., MIRANDA, L.H.G., FERNANDES, N.F. (1982). Desnivelamento de altitude como parâmetros para a compartimentação do relevo: Bacia do médio-baixo Paraíba do Sul. *In: Anais do XXXII Congresso Brasileiro de Geologia*, Salvador, Bahia, Vol. 4.

MENDONÇA, F. (2001). *Geografia Física: Ciência Humana?* São Paulo, Editora Contexto, 71p.

MERRITT, E. (1984). The identification of four stages during micro-rill development. *Soil Use and Management*, 13, pp. 24-28.

MORGAN, R.P.C. (1986). *Soil Erosion and Conservation*. England, Longman Group, 298p.

_____. (2005). *Soil Erosion and Conservation*. England, Blackwell Publishing, 3ª edição, 304p.

MUEHE, D. (2005). Geomorfologia Costeira. *In: Geomorfologia — Uma Atualização de Bases e Conceitos*. A.J.T. Guerra e S.B. Cunha. (orgs.). Rio de Janeiro, Bertrand Brasil, 6ª edição, pp. 253-308.

NUNES, B.A.; RIBEIRO, M.I.C.; & ALMEIDA, V.J. (1995). *Manual Técnico de Geomorfologia.*, Rio de Janeiro, IBGE (Série Manuais Técnicos em Geociências, nº 5). 112p.

OLLIER, C. & PAIN, C. (1996). *Regolith, Soils and Landforms*. Chichester, John Wiley and Sons, 316p.

OLIVEIRA, M.A.T. (1999). Processos Erosivos e Preservação de Áreas de Risco de Erosão por Voçorocas. *In: Erosão e Conservação dos Solos — Conceitos, Temas e Aplicações*. A.J.T. Guerra, A.S. Silva e R.G.M. Botelho (orgs.). Rio de Janeiro, Bertrand Brasil, pp. 58-99.

OLIVEIRA, M.A.T. & HERRMANN, M.L.P. (2004). Ocupação do Solo e Riscos Ambientais na Área Conurbada de Florianópolis. *In: Impactos Ambientais Urbanos no Brasil*. A.J.T.Guerra e S.B. Cunha. (orgs.).Rio de Janeiro, Bertrand Brasil, 2ª edição, pp. 147-188.

PARSONS, A.J. (1988). *Hillslope Form*. Nova York, Routledge, 212p.

PENTEADO, M.M. (1978) *Fundamentos de Geomorfologia*. Rio de Janeiro, IBGE. 2ª edição. 180p.

PETLEY, D.J. (1984). Ground investigation, sampling and testing for studies of slope instability. *In*: Slope Instability. D. Brunsden e D. Prior (orgs.). Salisbury, John Wiley and Sons Ltd., pp. 67-101.

PONÇANO, W.L. & CARNEIRO, C. BISTRICH, C.A., ALMEIDA, F.F.M. PRANDINI, F.L. (1981). *Mapa Geomorfológico do Estado de São Paulo*. 94 p. (Monografias do Instituto de Pesquisas Tecnológicas do Estado de São Paulo, 5).

POESEN, J. (1984). The influence of slope angle on infiltration rate and Hortonian overland flow volume. Z. Geomorph. N.F., pp. 49, 117-131.

QUEIROZ NETO, J.P. (2003). Agricultura Brasileira, Pesquisa de Solos e Sustentabilidade. In: Patrimônio Ambiental Brasileiro. W.C. Ribeiro (org.). São Paulo, Editora da Universidade de São Paulo, pp. 50-75.

RADAM BRASIL (1983). Projeto RADAMBRASIL, Levantamento dos Recursos Naturais. Folha SB.23/24, Teresina/Jaguaribes, vols. 2 e 4, Rio de Janeiro, Departamento Nacional da Produção Mineral, 1973.

RAMALHO, M.F.J.L. (1999). Evolução dos processos erosivos em solos arenosos entre os municípios de Natal e Parnamirim — RN. Tese de Doutorado, UFRJ, 347p.

REBOUÇAS, A.C. (2003). O Ambiente Brasileiro: 500 Anos de Exploração — Os Recursos Hídricos. In: Patrimônio Ambiental Brasileiro. W.C. Ribeiro. (org.). São Paulo, Editora da Universidade de São Paulo, pp. 191-239.

RIBEIRO, H. & GÜNTHER, W.M.R. (2003). Urbanização, Modelo de Desenvolvimento e a Problemática dos Resíduos Sólidos Urbanos. In: Bahia — Análise e Dados. Salvador, Secretaria de Planejamento da Bahia, pp. 469-489.

ROCHA, C.H., SOUZA, M.L.P. & MILANO, M.S. (1997). Ecologia da Paisagem e Manejo Sustentável dos Recursos Naturais. Geografia, Rio Claro, vol. 22 (2): 57-79.

RODRIGUEZ, J.M.M., SILVA, E.V. (2002). A Classificação das Paisagens a partir de uma Visão Geossistêmica. Mercator — Revista de Geografia da UFC, Ano 1, nº 1, pp. 95-112.

RODRIGUEZ, J.M.M., SILVA, E.V. & CAVALCANTE, A.P.B. (2004). Geoecologia das Paisagens: uma visão geossistêmica da análise ambiental. Fortaleza: Editora UFC, 222p.

ROSA, M.S., CASTRO, M.E.R., BURGOS, H.A., MENDONÇA, E.S., PEREIRA, M.C.N. & GENTIL, L.M. (2003). Educação Ambiental em Saneamento e Gestão dos Recursos Hídricos na Sub-Bacia do Rio Jiquiriçá. In: Bahia — Análise e Dados. Salvador, Secretaria de Planejamento da Bahia, pp. 545-554.

ROSS, J. L. S. (1985). Relevo Brasileiro: uma nova proposta de classificação. In: Revista do Departamento de Geografia. São Paulo, FFLCH, nº 4, pp. 25-38.

_____. (1990). Geomorfologia, Ambiente e Planejamento. São Paulo, Ed. Contexto. (Repensando a Geografia), 85p.

_____. (2002). Suporte da Geomorfologia Aplicada: os táxons e a cartografia do relevo. In: IV Simpósio Nacional de Geomorfologia. São Luís (MA), UFMA. CD-ROM.

_____. (2003) Geomorfologia Ambiental. *In: Geomorfologia do Brasil.* Cunha, S.B. & Guerra, A.J.T. (orgs.). Rio de Janeiro, Bertrand Brasil, 3ª edição, pp. 351-388.

ROSS, J.L.S. & MOROZ, I.C. (1997). *Mapa Geomorfológico do Estado de São Paulo* — Escala 1:500.000, vol. I, São Paulo, Ed. FFLCH-USP, IPT e FAPESP, 64p.

ROUGERIE, G. & BEROUTCHACHVILI, N. (1991). *Geosysteme et paysages: bilan et méthodes.* Paris, Armand Colin, 302p.

SANCHEZ, L.E. (2003). A Produção Mineral Brasileira: Cinco Séculos de Impacto Ambiental. *In: Patrimônio Ambiental Brasileiro.* W.C. Ribeiro. (org.).São Paulo, Editora da Universidade de São Paulo, pp. 125-163.

SANTOS, A.G. dos (2003). Proposta de Classificação do Relevo do Brasil. Relatório de Pesquisa de Estágio de Campo II. Departamento de Geografia/ UFR, 36p.

SAUER, C.O. (1998). A Morfologia da Paisagem. *In:* Corrêa, R. L. e Rosendahi, Z. (org.), *Paisagem, Tempo e Cultura.* Rio de Janeiro: Ed. UERJ, pp. 12-74.

SEABRA, L. (2003). Turismo Sustentável: Planejamento e Gestão. *In: A Questão Ambiental — Diferentes Abordagens.* S.B. Cunha e A.J.T. Guerra. (orgs.).Rio de Janeiro, Bertrand Brasil, pp. 153-189.

SELBY, M.J. (1990). *Hillslope Materials and Processes.* Oxford, Oxford University Press, 1ª edição, 264p.

_____. (1993). *Hillslope Materials and Processes.* Oxford, Oxford University Press, 2ª edição, 451p.

SILVA, T.M. (2002). A Estruturação Geomorfológica do Planalto Atlântico do Estado do Rio de Janeiro. Programa de Pós-Graduação em Geografia, UFRJ, Tese de Doutorado, 269p.

SMALL, R.J. & CLARK, M.J. (1982). *Slopes and Weathering.* Cambridge, Cambridge University Press, 112p.

SOARES, F. M. (2001). Unidades de Relevo como proposta de classificação das paisagens da bacia do rio Curu — Estado do Ceará.Tese de Doutorado, Departamento de Geografia. USP/FFLCH, 184p.

SOTCHAVA, V. B. (1977). O Estudo de Geossistemas. Métodos em Questão, 16. IG-USP. São Paulo, pp. 1-52.

STRAHLER, A.N. (1952). Dynamic basis of Geomorphology. *Geol. Soc. American Bulletin,* 63, pp. 923-938.

SUERTEGARAY, D.M.A. (2003). Geomorfologia: novos conceitos e abordagens. *In:* VII Simpósio Brasileiro de Geografia Física Aplicada, 7, Curitiba, PR, Anais. SBG. CD-ROM.

SUGUIO, K. (2003). *Geologia Sedimentar*. São Paulo, Editora Edgard Blücher Ltda., 400p.

THOMAS, M.F. (2001). Landscape sensitivy in time and space: an introduction. *Catena* 42, pp. 83-98.

TRICART, J. (1976). A Geomorfologia nos Estudos Integrados de Ordenação do Meio Natural. *Boletim Geográfico*, Rio de Janeiro, 34 (251), pp. 15-42.

_____. (1977). Ecodinâmica. Rio de Janeiro. FIBGE, Diretoria Técnica. 91p.

TROLL, C. (1997). A Paisagem Geográfica e sua Investigação. *Espaço e Cultura*. Rio de Janeiro, 4, pp. 1-7.

TROPPMAIR, H. e MUNICH, J. (1969). Cartas Geomorfológicas. *In: Notícias Geomorfológicas*, Campinas, 9 (17), pp. 43-51.

TUCCI, C.E.M., HESPANHOL, I. & CORDEIRO NETTO, O.M. (2003). Cenários da Gestão da Água no Brasil: uma Contribuição para a "Visão Mundial da Água". *In: Bahia — Análise e Dados*. Salvador. Secretaria de Planejamento da Bahia, pp. 357-370.

TURNER, M., GARDNER, R.H. & O'NEILL, R.V. (2001). Landscape Ecology in Theory and Practice: *Pattern and Process*, Springer Edit, 404p.

VÁRZEA, A. (1942). Relevo do Brasil. *In: Revista Brasileira de Geografia*. Janeiro-Março, pp.97-125.

VENTURI, L. A. B. (1997). Unidades de Paisagem como recurso metodológico aplicado na geografia física. *In:* VII Simpósio Brasileiro de Geografia Física Aplicada, 7, Curitiba (PR.), Brasil, CD-ROM.

_____. (2004) A Dimensão Territorial da Paisagem Geográfica. Comunicação em mesa coordenada do VI Congresso Brasileiro de Geógrafos — AGB, Goiânia. Publicado nos *Anais do Encontro*. 11p.

VITTE, A.C. (2004). Os Fundamentos Metodológicos da Geomorfologia e a sua Influência no Desenvolvimento das Ciências da Terra. *In: Reflexões sobre a Geografia Física no Brasil*. Vitte, A.C. & Guerra, A.J.T. (orgs.). Rio de Janeiro, Bertrand Brasil, pp. 23-48.

YOUNG, A &. SAUNDERS, I. (1986). Rates of Surface Processes and Denudation. *In: Hillslope Processes*. Londres, Allen and Unwin, pp. 3-27.

XAVIER DA SILVA, J. (2005). Geomorfologia e Geoprocessamento. *In: Geomorfologia: Uma Atualização de Bases e Conceitos*. Guerra, A.J.T. & Cunha, S.B. (orgs.).Rio de Janeiro, Bertrand Brasil, 6ª edição, pp. 393-414.

ÍNDICE REMISSIVO

Abastecimento de cidades, 55
Abióticos, 131
Abordagem ambiental, 15
Abordagem descritiva, 104
Abordagem ecossistêmica, 111
Abordagem fisiológica, 127
Abordagem funcionalista, 111
Abordagem histórica, 112
Abordagem metodológica, 87,124
Abordagem morfológica, 103
Abordagem pragmática, 106
Abordagem sistêmica, 97, 112,
    113, 148
Abordagem taxonômica, 111
Abordagens diferenciadas, 96
Abordagens sistemáticas, 108, 111,
    113
Açailândia, 30, 38, 60
Ação antrópica, 117, 120
Ação da água, 75
Ação do homem, 21, 71, 107
Ação dos ventos, 87
Acidificação, 79

Ações implementadas, 42
Acumulação fluvial, 30
Acúmulo de água, 74, 90
Administração direta, 148
Adoção de práticas
    conservacionistas, 27
Afluentes, 60
Afluxo de turistas, 42
África, 36, 111
Agência Nacional da Água, 54
Agente geomorfológico, 50
Agente transformador, 128
Agentes geomorfológicos, 39
Agregação dos sistemas, 71
Agricultura, 34, 55, 81
Agricultura local, 61
Agrotóxicos, 33, 61
Água, 26, 28, 33, 37, 39, 40, 51, 56,
    57, 69, 75, 81
Água corrente, 20
Água doce, 54
Água nos solos, 89
Águas do leito, 47

Águas do mar, 59
Águas do reservatório, 58
Águas dos rios, 55
Águas profundas, 67
Alberta, 81
Alemanha, 21, 30, 108
Alterações morfológicas, 40, 84
Alterações no uso, 84
Ambiental, 39, 93
Ambiente, 13, 24, 42, 43, 58, 59, 81, 89, 99, 100, 122, 124
Ambiente físico, 25
Ambientes drenados, 51
Ambientes intertropicais, 112
Ambientes naturais, 70, 90
América Latina, 36
Análise ambiental, 13, 100, 108, 144
Análise de impacto, 25
Análise de investigação, 110
Análise de vegetação, 116
Análise do relevo, 117
Análise do terreno, 67
Análise dos intercâmbios, 110
Análise histórica, 104
Análise integrada da realidade, 94
Análise integrada, 102
Análise morfodinâmica, 112
Análise morfológica, 107
Análises científicas, 95
Análises da natureza, 15
Análises de laboratório, 23
Análises quantitativas, 112
Andar biogeográfico original, 120
Anglo-saxão, 104
Animais, 32, 33
Antiga União Soviética, 109

Antrópicas, 30, 97, 112, 120
Antropogenética, 115
APAs, 62
Aplainamento, 143
Aplicação da Geomorfologia, 18, 45, 68
Aplicação de métodos, 98
Aporte de sedimentos, 58
Apropriação do relevo, 126
Apropriação dos recursos naturais, 70
Aproveitamento econômico, 32
Aproveitamento máximo, 50
Aproveitamento turístico, 62
Ar, 40
Arado, 32
Araguaia, 57
Área atingida, 74, 88
Área explorada, 47
Área geográfica, 113
Área observada, 117
Área urbanizada, 123
Área visitada, 45
Áreas afastadas, 88
Áreas agrícolas, 35
Áreas atingidas, 59
Áreas continentais, 67
Áreas costeiras, 15, 17, 18, 39, 40, 42, 58, 59, 66, 67, 68
Áreas de crescimento, 24
Áreas de mineração, 40, 47
Áreas degradadas, 50, 72, 76, 84, 89, 149
Áreas deprimidas, 74
Áreas diversificadas, 143
Áreas do campo, 71
Áreas elevadas, 74

ÍNDICE REMISSIVO

Áreas florestadas, 130
Áreas florestais, 35
Áreas marinhas, 61
Áreas protegidas, 62
Áreas rurais, 18, 27, 32, 34, 80
Áreas urbanas, 13, 15, 30, 129
Areia, 46, 57, 121
Argilas, 121
Arizona, 57
Arqueologia, 50
Arquitetura, 23
Arte dos jardins, 104
Artefatos tecnológicos, 111
Árvores, 29
Aspecto ambiental, 24
Aspecto da vegetação, 104
Aspectos descritivos, 104
Aspectos físicos, 14, 98, 99, 100
Aspectos físicos e sociais, 144
Aspectos fisionômicos, 107
Aspectos tecnológicos,104
Aspectos teórico-conceituais, 18
Assentamento das atividades
    humanas, 129
Associação distinta, 107
Assoreamento de rios, 34, 59, 63, 82
Assoreamento do canal, 47, 84
Assoreamento dos corpos líquidos, 61
Aterro sanitário, 60
Aterros, 67
Atividade de mineração, 47
Atividade econômica, 42, 46, 64, 83
Atividade humana, 47, 96
Atividade mineradora, 48
Atividade, 43, 50, 59, 72, 93
Atividades agrícolas, 13

Atividades econômicas, 42, 62
Atividades humanas, 22, 37, 38, 39
Atividades rurais, 82
Atividades sociais, 15
Atividades socioeconômicas, 106
Atmosfera, 73
Atrativo turístico, 71
Atribuições escalares, 117
Atributos corológicos, 109
Atuação do homem, 23, 121
Atuação humana, 41
Auditorias, 71
Austrália, 109
Áustria, 30
Auto-organização, 98, 115
Auto-regulação dos sistemas, 94
Autoridades locais, 76
Avaliação da paisagem, 64
Avaliação de impactos, 47
Avaliação de paisagens, 21
Avaliação de recursos naturais, 21
Avanços tecnológicos, 32
Avanços teóricos, 99

Bacia do Rio Curu, 128
Bacia do Rio Jiquiriçá, 60, 61
Bacia hidrográfica, 29, 41, 50, 51, 54,
    55, 57, 58, 61, 85, 88, 98, 132
Bacias de drenagem, 142
Bacias hidrográficas brasileiras, 50
Bahia, 60
Baía de Sepetiba, 73
Bairro periférico, 38, 60
Barcanas, 137
Barragem, 51, 55, 56, 57, 58, 59
Barreirinha, 68

Base cartográfica, 137
Base conceitual, 71
Bases ecológicas, 94
Batimétricos, 130
Bauxita, 46, 47, 48
Beleza natural, 42, 63
Belezas naturais, 43
Belo Horizonte, 24
Bifurcações, 115
Biocenose, 122
Biodiversidade, 81
Biogeografia, 73
Biogeográficos, 97, 120
Biologia, 23
Biólogos, 116
Biomas, 87, 120
Biomas terrestres, 86
Biosfera, 111
Biotecnologia, 32
Biótica, 108, 115, 131
Biótipo, 116
Bordo das chapadas, 74
Brasil, 17, 25, 30, 48, 56, 58, 60, 62,
    70, 76, 83, 85, 112, 149
Buffer zone, 87

Cabos de alta tensão, 84
Cachoeira, 43, 44
Calçamento, 38
Calcário, 47, 48, 71
Campos da geografia, 22
Canadá, 81
Canais de drenagem, 71
Canais fluviais, 17, 50, 51, 52, 53
Canal, 32, 84
Canal fluvial, 54, 88

Canaleta, 69
Canalização, 31, 55
Caóticos, 115
Capacidade de retenção de água, 82
Capacidade de suporte, 42, 62
Capitalista, 123
Caráter catastrófico, 30
Caráter dinâmico, 118
Características da chuva, 80
Características das encostas, 79, 83
Características de desequilíbrio, 122
Características genéticas, 70
Características pedológicas, 85
Carga de sedimentos, 56, 58
Carolina do Sul, 89
Cartografia, 124
Cartografia ambiental, 124
Cartografia do relevo, 146
Cartografia geomorfológica, 105,
    113, 117
Carvão, 46, 47, 48
Cascalhos, 46
Catástrofes, 18, 21, 24, 27
Catastrófica, 122
Caudais escoados, 32
Caulim, 46
Cavernas, 43
Ceará, 28
Células da paisagem, 111
Cenários, 44, 63
Centros de Pesquisa, 91
Chapada, 86
Chumbo, 48
Chuvas, 34
Cicatriz, 30, 74 78, 88
Ciclo cronológico, 21

ÍNDICE REMISSIVO

Ciclo de erosão, 20
Ciclo geográfico, 20
Cidades, 28, 29, 31, 61, 62
Cidades brasileiras, 59
Ciência da Paisagem, 102, 105,
    109, 127
Ciência do Solo, 23
Ciência geográfica, 107, 116
Ciência geomorfológica, 24, 71, 73,
    118, 147
Ciência moderna, 32
Ciência transdisciplinar, 111
Ciência, 15, 19, 22, 85, 90, 93,
    96, 106
Ciências Naturais, 20, 111
Ciências da terra, 106
Ciências Sociais, 23
Cimento, 57
Cinturões orogênicos, 140
Civilização, 104
Classes de mapas, 129
Classificação da paisagem, 94, 113,
    116, 122
Classificação do globo terrestre, 118
Clima, 81, 104, 113, 118, 119
Climáticos, 119
Climatologia, 73
Clímax, 121
CNPq, 90, 91
Cobalto, 46
Cobertura de solo, 90
Cobertura vegetal, 37, 79, 83, 85, 96
Cobre, 46, 47
Coleta diária de lixo, 59
Colinoso, 131
Combustível, 57, 79

Complexa inter-relação, 113
Complexidade, 115
Complexidade ambiental, 14
Complexidade de informações, 137
Complexidade de interação, 124
Complexidade dos sistemas
    dinâmicos, 100
Complexo de elementos, 112
Complexo físico-químico, 107
Complexo Natural Territorial, 105,
    107
Componentes da natureza, 103, 105
Comportamento complexo da
    natureza, 98
Comportamento do todo, 98
Comportamentos irregulares, 95
Compreensão, 111
Compreensão da paisagem, 102, 103,
    107, 124
Comunicações, 76
Comunidades, 57, 61
Concavidades, 81
Conceito da paisagem, 102, 103,
    107, 124
Conceito de equilíbrio, 106
Conceito de paisagens, 101, 117
Conceito do ecossistema, 110
Conceito unitário, 107
Conceitos geomorfológicos, 20
Conceitos probabilísticos, 21
Conceituação de paisagem, 104, 105
Concepção ambiental, 110
Concepção finalista, 106
Condição de clímax, 122
Condições climáticas, 122
Condições de estabilidade, 122

Condições de sustentabilidade, 94
Condições econômicas, 41
Condições externas, 101
Condições teóricas, 94
Conectividades, 99
Conexões, 110
Conhecimento aplicado, 19
Conhecimento científico, 50
Conhecimento da geomorfologia, 45
Conhecimento geomorfológico, 14,
    15, 31, 35, 56, 60, 70, 79
Conhecimento integrado, 72
Conhecimentos básicos, 52
Conjunto de seres vivos, 110
Conjunto único, 112
Conjuntos físicos, 105
Conotação geomorfológica, 61
Conselho gestor, 63
Conseqüências danosas, 28, 61
Conseqüências sociais, 58
Construções clandestinas, 31
Conservação das diversidades, 14
Conservação dos recursos naturais, 23,
    67, 68
Considerações ambientais, 69
Constituição, 50
Construção, 57, 58
Construção civil, 26
Construção de barragens, 55, 57, 58
Construção de estradas, 40
Construção de habilitação, 71
Construção de uma barragem, 56
Construção do interceptor, 61
Construção do pensamento
    científico, 106
Consultor, 86

Consultores, 25, 32
Consumidores, 23
Consumo de energia, 49
Contaminação, 61, 82
Contato solo/rocha abrupto, 74
Contenção à erosão, 53
Conteúdo da paisagem, 107
Continentais, 70
Contínua evolução, 118
Contornos de baías, 66
Controle da erosão dos solos, 130
Controle de poluição, 61
Corografia Brasílica, 139
Corpos d'água, 81
Corpos líquidos, 48, 59, 62, 82, 148
Corte de árvores, 41
Costa, 67
Costas baixas, 67
Costeiros, 70
Countryside, 71
Crato, 28, 52
Crescente inovação, 64
Crescimento das plantas, 82
Crescimento desordenado, 99
Crescimento populacional, 38
Crescimento urbano, 37, 40
Cronologia, 96
Cultura, 64
Culturas monoespecíficas, 87
Cursos d'água, 60, 106
Curvas de nível, 89
Custos ambientais, 57

Dados ambientais, 18, 50, 71
Dados empíricos, 89
Danos, 18, 31, 41, 48, 61, 82

Dano ambiental, 41, 59, 86
Danos ambientais, 28, 34, 37, 45, 47, 48, 51, 61, 66, 70, 71, 72, 73, 88, 90
Davis, 20
Declividade, 74, 80, 81
Declividade das encostas, 74
Declividade final, 89
Defesa Civil, 28
Definição de sistemas, 117
Degradação, 64, 72, 81
Degradação ambiental, 99
Degradação dos solos, 79
Degraus escarpados, 142
Delimitação das unidades de paisagem, 118, 131
Delimitação de unidades homogêneas, 145
Delta, 50
Demarcações jurídicas, 98
Densidade, 112
Dependência recíproca, 122
Deposição, 26, 81
Deposição de materiais, 74
Depósitos, 47
Depósitos aluviais, 46
Depósitos basais, 46
Depósitos superficiais, 115
Depredações ambientais, 70
Depressões, 137
Desaparecimento da floresta, 121
Desbarracamento das margens, 61
Desembocadura, 50
Desempenho ambiental, 49
Desenvolvimento de processos, 17
Desenvolvimento de programas, 61

Desenvolvimento do paisagismo, 104
Desenvolvimento institucional, 54
Desenvolvimento planejado, 100
Desenvolvimento sustentável, 37, 42, 54, 62, 148
Desenvolvimento urbano, 64
Desenvolvimentos de voçorocas, 63
Desequilíbrio social, 93
Desequilíbrios, 93
Desertos, 43, 123
Deslizamentos, 26, 28, 39, 67, 74, 75, 76, 88
Desmatamento, 34, 83, 84
Desmatamento de manguezais, 66
Desmoronamento de encostas, 62
Desnivelamentos, 20
Despejos industriais, 51
Desperdício, 51, 74
Detachment, 80
Devastação de florestas, 25
Diagnóstico, 14, 17, 23, 34, 47, 59, 63, 75
Diagnóstico de áreas degradadas, 18, 42, 72, 74
Diagnósticos socioambientais, 13
Diamante, 46
Diferentes ambientes, 40
Diferentes escalas, 14, 23, 73
Diferentes paisagens, 20
Diferentes velocidades, 122
Difusão da fotografia, 104
Dimensão da paisagem, 116
Dimensionalidade, 116
Dimensionamento da paisagem, 94
Dimensionamento territorial, 116
Diminuição da produtividade, 35

Dinâmica, 50, 63, 67, 95, 100, 110, 122
Dinâmica ambiental, 123
Dinâmica da bacia, 57
Dinâmica da natureza, 98
Dinâmica da paisagem, 115
Dinâmica da vazão, 56
Dinâmica das correntes, 61
Dinâmica das organizações espaciais, 40
Dinâmica das unidades, 109
Dinâmica de processos, 115
Dinâmica externa, 43
Dinâmica fluvial, 57
Dispersão de fluxos, 81
Disponibilidade de águas, 85
Disposição segura de rejeitos, 49
Dissipação, 115
Distribuição, 53, 112
Distribuição pluviométrica, 83
Diversidade biológica, 87
Diversidades de paisagens, 93
DNPM, 141
Documentos oficiais, 58
Doenças, 59
Domínio, 129
Domínio colinoso, 135
Domínio de estudo, 109
Domínio físico, 108
Domínio social, 108
Domínio técnico, 102
Domínios alpinos, 120
Domínios de planalto, 143
Domínios morfoclimáticos, 139
Drenagem dos rios, 62
Dunas com vegetação, 65
Dutos, 61

Ecologia, 23, 97, 110
Ecologia da paisagem, 108, 111
Economia, 111
Economia ambiental, 69
Econômica, 39
Ecossistema, 23, 110, 122
Ecossistemas inteiros, 99
Ecossistemas terrestres, 23
Ecótopo, 111, 116
Edificações, 31
Educação ambiental, 61
Efeito offsite, 82, 84
Efeitos danosos, 81
Efeitos erosivos, 89
Efeitos minimizados, 18
Efêmeros, 51
Efluentes domésticos, 51
Egito, 32
EIA-RIMA, 15, 18, 47, 48, 55, 59, 69
Elaboração de laudos, 47
Elaboração de programas, 47
Elemento de controle, 21
Elementos abióticos, 113
Elementos da paisagem, 121
Elementos estruturais, 119
Elementos físicos, 97, 106, 112
Elementos físico-naturais, 114
Elementos interatuantes, 96
Elementos residuais, 121
Embasamento paisagístico, 96
Emissões de gases de efeito-estufa, 58
Empreendimento, 59, 70, 71
Empreendimentos hidrelétricos, 58
Empresa pública, 86, 91
Encharcamento, 57
Enchentes, 26, 28, 30, 39, 62, 63, 70

Enchimento, 57

Encosta, 17, 27, 30, 31 59, 61, 74, 75, 77, 79, 80, 81, 85, 86

Encostas transformadas, 77

Energia, 51, 57, 80, 84, 85, 101

Energia elétrica, 23, 56

Energia hidrelétrica, 15, 18, 56, 58

Enfoque funcional, 111

Engenharia, 23,52

Engenharia fluvial, 53

Engenheiros florestais, 89

Entidades lógicas, 124

Entorno, 55, 58, 110

Entorno da obra, 74

Entorno do reservatório, 58

Environmental Geology, 19, 22

Epistemologia ambiental, 93

Épocas de chuvas, 62

Eqüidade social, 94

Equilíbrio, 93, 101, 121

Equilíbrio dinâmico, 70, 112

Equilíbrio dos ecossistemas, 99

Equilíbrio ecológico, 36

Erodibilidade, 81

Erosão, 28, 55, 68, 89

Erosão acelerada, 36, 51,

Erosão costeira, 26, 57, 66

Erosão dos solos, 15, 26, 33, 34, 41, 42, 70, 83, 99

Erosão em lençol, 34

Erosão por splash, 81

Erosividade da chuva, 79

Escala, 15, 35, 116

Escala de atuação, 68

Escala de paisagem, 113

Escalas espaço-temporais, 119

Escalonamento dimensional, 116

Escarpa serrana degradada, 131

Escavações, 40, 48

Escoamento, 32, 80

Escoamento das águas, 38

Escoamento superficial, 79, 80, 84

Escoamento superficial difuso, 79

Escócia, 67

Escola americana, 112

Escola anglo-americana, 105

Escola francesa, 105

Escola germânica, 103, 105, 111, 126

Escola soviética, 108, 113

Escolas de Geografia Física, 94, 103

Escolas de Geografia, 101, 103

Escritórios de Consultoria, 91

Esculturação, 23

Esfera governamental, 100

Esgoto, 52, 60

Esgotos domésticos, 58, 59

Espacialização, 117

Espaço, 21, 72, 73, 96

Espaço geográfico, 123

Espaço ocupado, 93

Espaço terrestre, 109

Espécies arbustivas, 87

Espécies vegetais, 32

Estabilidade, 72, 77, 95

Estação seca, 33

Estado natural, 51

Estados Unidos, 53, 69, 70, 89

Estágio de degradação, 63

Estanho, 48

Estável, 95

Estética, 44

Estética-descritiva, 109

Estratégias conceituais, 94
Estrutura, 95, 107, 111, 115,
   116, 118
Estrutura funcional, 110
Estrutura instalada, 84
Estruturação geomorfológica, 142
Estuários, 57, 67
Estudo ambiental, 99, 101
Estudo da dinâmica, 59
Estudo da Geografia, 113
Estudo da paisagem, 103, 115
Estudo de casos, 70
Estudo do relevo, 50
Estudo do sistema, 112
Estudo dos processos, 122
Estudo geomorfológico, 54, 84
Estudo integrado da
   paisagem, 125, 148
Estudos, 26, 63, 64, 76, 97, 112
Estudos de Impactos
   Ambientais, 85
Estudos erosivos, 79
Estudos experimentais, 90
Estudos geográficos, 105
Estudos geomorfológicos, 58, 101
Estudos prévios, 57, 69
Estudos soviéticos, 109
Etimologia, 102
Europa do Leste, 108
Evento chuvoso, 32, 80
Eventos científicos, 90
Evolução da abordagem, 94
Evolução, 19, 54, 100, 114
Evolução das formas de relevo, 21
Evolução de encostas, 77
Evolução de formas, 106

Evolução do conceito de
   paisagem, 146
Evolução do relevo, 106
Evolução dos sistemas, 98
Evolução geomorfológica, 112
Evolução natural, 77
Exógenos, 138
Expansão de atividades agrícolas, 27
Exploração biológica, 120, 121
Exploração das jazidas, 72
Exploração de areia, 47
Exploração de recursos, 23
Exploração de recursos minerais, 42
Exploração de recursos naturais, 148
Exploração do calcário, 71
Exploração irracional, 148
Exploração mineral, 72
Extensão das obras, 53
Extração de argila, 48
Extração mineral, 76, 77
Extremo equilíbrio, 121

Faixa costeira brasileira, 66
Faixa intertropical, 36
Falésia, 43, 86
FAPERJ, 91
Fatores exógenos, 137
Fatores físicos, 87
Fatores geomorfológicos, 97
Fatores sociais, 14
Fauna, 18, 113, 120
Fauna ribeirinha, 47
Favelas, 31
Fazendeiros, 33
Feição erosiva, 33
Feições do relevo, 46

ÍNDICE REMISSIVO

Fenômeno investigado, 94
Fenômeno natural, 95, 97, 102
Fenomenologia das paisagens, 107
Fenômenos, 109
Fenômenos de integração, 109
Fenômenos sociais, 104
Ferramentas, 14, 15, 101
Ferro, 47, 48, 57
Ferrovias, 35, 77
Fertilidade dos solos, 82
Fertilizantes, 89
Fibras, 79
Filipinas, 33
Filósofos, 106
Finalidade similar, 116
Fins recreacionais, 64
Físico, 54
Fisiografia, 25
Fisionomia, 103
Fisionomia do terreno, 104
Flora, 18, 113
Floresta de faia, 120
Floresta Nacional de Sumter, 89
Floresta virgem, 121
Florestas, 84
Flutuações, 115
Fluxo, 76
Fluxo canalizado, 50
Fluxos, 115
Fluxos de energia, 110, 122
Fonte de água potável, 51
Força econômica, 69
Força motriz, 56
Forças endógenas, 73, 125
Forças exógenas, 73
Forma convexa, 81

Forma de relevo, 23, 63, 70, 73
Forma dinâmica, 14
Forma do terreno, 37
Forma integrada, 124
Forma sistêmica, 95
Formação, 50
Formação de crostas, 81
Formação de ravinas, 38
Formação rochosa, 45, 65
Formações rochosas superficiais, 86
Formas cársticas, 137
Formas das encostas, 81
Formas de intervenção, 51
Formas de ocupação, 18
Formas de relevo, 17, 23, 37, 41, 43, 63, 64, 71, 72, 101
Formas integrantes, 107
Formas típicas, 20
Formas topográficas, 106
Formulação de alternativas, 54
Fotografias aéreas, 89, 111
França, 21
Funções de equilíbrio, 87
Fundamentos teóricos, 110
Fundo de um vale, 86
Fundos oceânicos, 137

Galeria pluvial, 38
Gelo, 75
Geociências, 13, 50
Geoecologia, 108
Geofácies, 120
Geofatores, 111
Geografia alemã, 104
Geografia Física, 97, 98, 99, 105, 110
Geografia Física Global, 118

Geografia francesa, 105
Geografia global, 112
Geografia, 22, 50, 96, 97, 107, 112
Geógrafo, 149
Geologia Ambiental, 15,16, 17, 18,
    19, 21, 22, 24, 25, 91, 147
Geologia de Engenharia, 31
Geologia Marinha, 50
Geologia Sedimentar, 49
Geologia Urbana, 24
Geologia, 20, 22, 23, 50, 73, 81,
    101, 106
Geólogo, 22, 149
Geomorfologia, 15, 17, 18, 21, 22,
    23, 27, 37, 39, 40, 41, 42, 43, 46,
    48, 49, 52, 55, 56, 57, 59, 62, 63,
    64, 65, 66, 69, 71, 72, 75, 77, 79,
    81, 82, 84, 85, 86, 91, 96, 100,
    101, 105, 106, 120, 149
Geomorfologia Ambiental, 15, 16, 17,
    18,19,21, 22, 24, 25, 91, 147
Geomorfologia Aplicada, 52, 100
Geomorfologia Costeira, 66
Geomorfologia das Áreas Rurais, 18,
    34
Geomorfologia ecológica, 100
Geomorfologia fluvial, 53, 54
Geomorfologia urbana, 18, 27, 29, 30,
    31, 147
Geomorfólogo, 26, 37, 38, 39, 45, 47,
    51, 53, 60, 68, 73, 77
Geossistema, 40, 96, 97, 109, 110,
    120
Geossistema em biostasia, 121
Geossistema em resistasia, 120
Geótopo, 120

Gerenciamento, 54
Gerenciamento costeiro, 67
Gestão, 43, 61, 63
Gestão ambiental, 110
Gestão democrática, 94
Gestão dos rios urbanos, 61
Gestores, 42, 44, 52
Gestores ambientais, 64
Gestores das usinas, 57
Gotas, 80
Gotas de chuva, 79, 84
Governos, 38
Grande escala, 40
Grande potencial, 85
Grandes cidades, 29
Grandes investimentos, 35, 69
Grandes metrópoles, 99
Grandes obras, 61
Grandes transformações, 77
Grandeza, 120
Grandeza espacial, 27, 118
Grau de complexidade, 96
Gravidade, 75
Grupos ambientalistas, 64
Guabiruba, 83

Habitantes, 99
Hábitat, 47
Herança, 107
Heterogeneidade espacial, 111
Hidrogeomórfica, 118
Hidrografia, 101
Hidrologia, 120
Hidrotermal, 42
Hierarquia, 116
Hierarquização, 120

ÍNDICE REMISSIVO

Hierarquização da paisagem, 111
Historiadores, 22
Holanda, 30
Holística, 144
Homem, 21, 25, 35, 41, 46, 51, 52,
    53, 67, 72, 91, 93, 100, 102
Homogêneas, 96
Homogeneidade fisionômica, 120
Humanidade, 79, 81
Humanos, 37, 38

IBAMA, 91
IBGE, 141
Ictiofauna, 57
Idade das formas, 138
Idade Média, 103
Ilha Grande, 142
Ilhas, 66
Imagens de satélite, 142
Impactante, 42
Impacto ambiental, 31
Impactos, 30, 47, 52, 56, 57, 59, 62,
    71, 74, 83, 85
Impactos ambientais, 15, 46, 54, 67,
    69, 86, 88, 91
Impactos ambientais catastróficos, 63
Impactos ambientais negativos, 47,
    61, 148
Impactos negativos, 43
Impermeabilização do solo, 31
Implementação de atividades, 39
Imprevisibilidade, 95
Imprevisível, 115
In natura, 52, 61
Incentivos fiscais, 37
Indivíduo, 63

Industrialização, 28, 54
Indústrias, 149
Influência da gravidade, 75
Informações ambientais, 31
Informações Espaciais
    Automatizadas, 128
Informações geomorfológicas, 61
Informações morfográficas, 138
Inglaterra, 21
Inputs de energia, 115, 144
Instabilidade, 57, 62, 73, 76
Instabilidade morfogenética, 122
Instalação das linhas de
    transmissão, 84
Instrumento lógico, 108
Integração, 94, 98
Intemperismo, 26, 81
Intensidade dos processos, 122
Interação, 14, 37, 111
Interação efetiva, 37
Interação do geossistema, 113, 123
Interceptores oceânicos, 61
Interdependência, 107
Interface, 37
Interior do planeta, 73
Interior dos domínios, 120
International Geomorphological
    Union, 138
Interpretação, 102
Interpretação de fotografias aéreas, 46
Interpretação de imagens, 129
Interpretação de mosaio, 142
Interpretação do relevo, 106
Inter-relação, 102
Intervenção, 52, 101
Intervenção da sociedade, 13,
    100, 114

Intervenção humana, 22, 54, 67, 86
Invasão das áreas de dunas, 31
Invasão das áreas periféricas, 31
Inventário estático, 122
Inventários, 15
Irreversibilidade, 95
Irreversíveis, 59
Irrigação, 51
Itatiaia, 44

Juiz de Fora, 142
Jusante, 57, 68
Justiça social, 43
Juventude, 20, 106

Kulturlandschaft, 102

Laboratório de Geomorfologia
    Ambiental e Degradação dos Solos,
    91, 149
Lagesolos, 91, 149
Lagos, 33, 43, 59
Land, 103
Landsat TM, 142
Landscape, 103
Landschaft, 102, 103, 110
Landschap, 104
Laudo pericial, 47, 70, 71
Lavagem da superfície do terreno, 81
Legislação, 37, 40, 63
Legislação brasileira, 69
Legislação vigente, 40
Lençol freático, 57, 59
Levantamento dos recursos
    naturais, 23, 100
Levantamentos, 45

Levantamentos geomorfológicos, 61
Limitações, 86
Limonita, 46
Línguas românticas, 103
Linhas de pesquisa, 22
Linhas de transmissão, 42, 84
Linhas de transmissão de energia, 18
Líquidos, 76
Literatura geográfica, 146
Litogeomorfológico, 124
Litologia, 114
Litoral macaense, 131
Lixo urbano, 59, 62
Lixões, 59
Localização espacial, 113
Localização geográfica, 65
Loteamentos, 31

Macaé, 131
Maciço costeiro, 135
Madagascar, 121
Mananciais, 74, 81
Manaus, 48, 51
Maneira inadequada, 52
Manejo, 63, 85
Manejo adequado, 14, 44, 60
Manejo ambiental, 41, 85
Manejo do solo, 79, 81
Manganês, 46
Mangue, 31
Manual, 45
Manutenção da diversidade
    biológica, 99
Manutenção do equilíbrio, 91
Manutenção dos ciclos, 87
Manutenção permanente, 83

ÍNDICE REMISSIVO

Mapa geomorfológico, 46, 129
Mapas de predição, 77
Mapas de riscos, 23
Mapeamento, 21, 41, 47
Mapeamento das formas de
   relevo, 113
Mapeamento geomorfológico, 129,
   131
Mapeamentos em escala regional, 143
Maranhão, 65, 68
Marco histórico, 104
Margem de um rio, 86
Matações, 74
Matas ciliares, 60
Matéria, 122
Matéria orgânica, 59
Materiais envolvidos, 17
Materiais erodidos, 33
Materiais intemperizados, 46
Material, 23, 81, 88
Material de encostas, 75
Material inconsolidado, 67
Material rochoso, 74
Mato Grosso, 82
Matriz do solo, 74
Matrizes, 22
Maturidade, 20, 106
Mecânica dos Solos, 31
Medicina moderna, 29
Medidas conservacionistas, 36
Megaestruturas, 120
Meio ambiente, 17, 18, 29, 33, 40,
   41, 43, 45, 46, 52, 57, 64, 69, 70,
   71, 81, 82, 99
Meio físico, 13, 21, 23, 31, 37, 38,
   45, 59, 72, 85, 86

Meio físico original, 29
Meio físico urbano, 28
Meio natural, 93
Meio rural, 36
Meios estáveis, 111, 122
Meios Fortemente Instáveis, 122
Meios Intergrados ou de
   Transição, 122
Meios intermediários, 111
Meios morfodinâmicos, 122
Melhoria da qualidade de vida, 17
Mercado de energia, 85
Metafísica, 106
Metais pesados, 59
Metodologias adequadas, 63
Metodologias de classificação, 145
Microbacias hidrográficas, 55
Minas Gerais, 56
Mineração, 40, 47
Mineração do ouro, 48
Mineral, 44, 47, 48
Minério, 49
Minério de ferro, 46
Ministério Público Estadual, 91
Mississipi, 87
Mitigação, 22, 48
Mitigar danos, 59
MME, 141
Modelo de processo, 113
Modelo de sistema, 113
Modelo teórico, 113
Modelos, 113
Modificação, 38, 98
Modificação do relevo, 25
Monitoramento, 23, 82, 89
Monitoramento ambiental, 49

Monitoramento de mudanças
dinâmicas, 67
Morfocronologia, 138
Morfoescultura, 113
Morfoestrutural, 113, 118
Morfogênese, 122
Morfométricas, 56, 138
Morphologie der Erdoberflache, 127
Movimentação de materiais, 37
Movimento de massa, 15, 30, 31, 70,
74, 75, 83, 84, 147
Movimentos sociais, 64
Mudança, 104, 106
Mudanças, 15, 85, 100
Mudanças ambientais, 32, 38
Mudanças estimadas, 22
Mudanças geomorfológicas, 40
Mudanças hidrológicas, 41
Mudanças morfológicas, 40
Mudanças na cobertura vegetal, 84
Mudanças negativas, 82
Mudanças nos ecossistemas, 38
Multidisciplinar, 14
Múltiplas opções, 144
Múltiplas paisagens, 144
Mundo, 25
Município de Macaé, 133
Muro de arrimo, 88

Nacional, 27
Não-linear, 144
Natural, 67
Naturalistas alemãs, 102
Natureza, 14, 95, 102
Natureza das rochas, 125
Natureza integrada, 14

Naturlandachaft, 102
Navegação, 52
Níveis de dimensão escalar, 119
Nível do mar, 20
Norte fluminense, 131
Novas técnicas, 95
Novo ciclo erosivo, 20
Núcleos cristalinos arqueados, 140
Nutrientes, 57

Objeto de análise, 109
Obra, 52
Obras de canalização, 53
Obras de engenharia, 35, 53, 69
Obras de escavação, 61
Obras de estabilidade, 61
Obras de recuperação, 86
Ocorrência de deslizamento, 76
Ocupação, 43, 106, 136
Ocupação acelerada, 31, 66
Ocupação das encostas, 39
Ocupação desordenada, 23, 27, 41
Ocupação humana, 30, 37, 39, 77
Ocupação indiscriminada, 77
Ocupação mais segura, 39
Ocupação rural, 64
Offsite, 82
ONGs, 65, 91, 148
Onsite, 34, 82
Ordem epistemológica, 108
Ordenação Ambiental, 127
Ordenação dos fenômenos, 118
Organismo complexo, 107
Organismos, 57
Organização cultural, 41
Organizações não governamentais, 13,
64

ÍNDICE REMISSIVO

Orientações teórico-metodológicas, 103
Origens da Geomorfogia, 19
Ótica dinâmica, 112
Ótica do indefinido, 115
Ótica holística, 98
Ótica integradora, 145
Oxigênio, 57

Pagus, 103
Paisagem, 14, 15, 38, 44, 63, 65, 97, 100, 105, 106, 109, 114
Paisagem Abiótica, 123
Paisagem Antrópica, 123
Paisagem Biótica, 123
Paisagem cultural, 102
Paisagem em Progressão, 123
Paisagem em Regressão, 123
Paisagem Equilibrada, 123
Paisagem estável, 135
Paisagem geomorfológica, 21
Paisagem Integrada, 102, 113
Paisagem Natural, 102, 107, 123
Paisagem progressiva, 136
Paisagens culturais, 107
Paisagens morfológicas, 107
Paisagens protegidas, 63
Paisagismo, 104
Paisagístico, 71
Países desenvolvidos, 51
Países em desenvolvimento, 29, 30, 62
Países europeus, 36, 104
Países tropicais, 35
Palmas, 69, 80
Pão de Açúcar, 68
Papel integrador, 100

Parcelamento do solo, 71
Pareceres técnicos, 71
Paredões abruptos, 81
Parque Nacional da Serra das Confusões, 65
Parque Nacional da Tijuca, 78
Parques nacionais, 42, 63
Partículas, 80
Patamar, 21
Paysage, 103, 104
Pecuária, 34, 60
Pedogênese florestal, 121
Pedogenéticas, 122
Pedologia, 50, 172
Pedológica, 118
Pedra Furada, 45
Pedra, 57
Pensamento geomorfológico, 20
Pensamento holístico, 94
Pensamento reducionista, 96
Pequenas comunidades, 103
Pequenas mudanças climáticas, 57
Pequenos terremotos, 56
Perda de nutrientes, 79
Perdas de vidas humanas, 72, 74
Perfil longitudinal, 106
Período de estabilidade, 20
Período em resistasia, 121
Períodos biostáticos, 121
Perspectiva de análise, 116
Perspectiva metodológica, 94
Perspectiva sistêmica, 21, 145
Pesquisa, 25, 53
Pesquisa ambiental, 101
Pesquisa científica, 109
Pesquisador, 32, 39, 44, 96

Pesquisas aplicadas, 14
Pesquisas básicas, 55, 87
Petrópolis, 74, 75, 78
Planalto brasileiro, 139
Planejador, 31, 37, 40, 41, 42, 63,
  67, 86
Planejamento, 13, 15, 18, 23, 25, 37,
  39, 40, 63
Planejamento Ambiental, 14, 15, 24,
  39, 70, 94
Planejamento da ocupação, 40, 66
Planejamento das paisagens, 15
Planejamento do ambiente, 98
Planejamento físico, 39
Planejamento local, 27
Planejamento urbano, 27, 32
Planeta, 94, 98
Planeta Terra, 149
Planície aluvial, 50
Planície costeira, 136
Planície costeira urbanizada, 131
Planície flúvio-lagunar manejada, 131
Plano de manejo, 62, 65
Planos Diretores Ambientais, 63
Plantação, 33
Plantação de laranja, 82
Plantas, 115
Plataforma continental, 61
Poder Público, 76
Política integrada, 61
Políticas, 40
Políticas públicas, 32, 37, 40, 42, 53,
  67, 71, 76
Polônia, 108
Poluição, 33, 55, 59
Poluição atmosférica, 28

Poluição dos corpos líquidos, 63
Poluição dos solos, 81
Poluição química, 79
População, 31, 62, 77, 84, 86, 91
População das cidades, 31
Populações humanas, 72
Porção do espaço, 97
Porção do território, 43
Porosidade dos solos, 81
Portos, 51
Possibilidade de ruptura, 95
Potencial, 45
Pragmatismo, 106
Praia, 61, 67, 86
Praia do Pecado, 133
Praia Vermelha, 68
Práticas conservacionistas, 34, 36, 54
Práticas da interdisciplinaridade, 94
Práticas de gestão, 48
Prédios, 29, 77
Predomínio da pedogênese, 122
Prefeitura de Rio Claro, 70
Prefeituras, 62
Prejuízos, 34, 39
Premissas histórico-lingüísticas, 102
Preservação, 14
Preservação ambiental, 14
Preservação de paisagens, 14
Pressão, 38
Prevenção, 48
Princípios jurídicos, 94
Princípios epistemológicos, 94
Problemas ambientais, 13, 14, 40,
  93, 99
Problemática ambiental, 64, 93
Processo, 35, 39, 52, 94, 100

ÍNDICE REMISSIVO

Processo de avaliação, 63
Processo de colonização, 36
Processo de construção, 42
Processo de degradação, 86
Processo de planejamento, 64
Processo de rejuvenescimento, 106
Processo erosivo, 35, 81, 84, 89
Processo erosivo acelerado, 89
Processo institucional, 54
Processo judicial, 76
Processos, 14, 15, 21, 34, 37,
    57, 181
Processos associados, 22, 37, 73,
    79, 82
Processos atuantes, 89
Processos bioquímicos, 62
Processos cársticos, 17
Processos de ambientes, 112
Processos de degradação, 99
Processos de erosão acelerada, 35, 184
Processos de infiltração, 74
Processos de urbanização, 28
Processos diários, 98
Processos ecológicos, 111
Processos externos, 46, 73
Processos físicos, 105
Processos geomorfológicos, 26, 29, 30,
    31, 38, 40, 53, 72, 79, 81, 83
Processos informatizados, 100
Processos morfogenéticos, 138
Processos políticos, 98
Produção de alimentos, 79
Produção de energia, 86
Produção de energia elétrica, 85
Produção mundial de alimentos, 46
Produtos agrícolas, 33

Produtos ferruginosos, 121
Prognóstico, 14, 17, 47, 49, 59, 75
Prognóstico da paisagem, 101
Programa de Educação Sanitária, 60
Projeto, 25, 46
Projeto Radam Brasil, 141
Projetos de conservação, 71
Projetos de planejamento, 27, 143
Projetos de recuperação, 87
Propriedades químicas, 83
Proteção, 14
Proteção de certas áreas, 62
Psicologia da percepção
    ambiental, 63, 64

Qualidade de paisagem, 76
Qualidade de vida, 32, 59
Qualidade do ar, 40
Quantidade das águas, 34, 56
Quantidade de sedimentos, 57
Questão ambiental, 41, 93, 94, 98, 99,
    113, 115
Questão urbana, 32
Questões complexas, 64
Química das águas fluviais, 57

Raciocínios analíticos, 124
Racionalidade produtiva, 94
Radam Brasil, 141
Radar, 129
Radiação solar, 87
Rápido soerguimento, 20
Rastejamento, 76, 81
Reagrupamento maleável, 120
Realidade, 113
Realidade "total", 94

Realidade integrada, 113

Recarga hídrica, 60

Recreação, 44, 63

Recuo das cabeceiras, 74

Recuperação, 63, 74, 75

Recuperação costeira, 67

Recuperação das áreas degradadas, 15, 42, 47, 50, 62, 90, 149

Recuperação mais duradoura, 34

Recurso, 44, 67

Recurso natural, 40, 54

Recursos existentes, 21

Recursos financeiros, 34

Recursos hídricos, 15, 21, 42, 51, 85, 147

Recursos hídricos brasileiros, 54

Recursos minerais, 15, 18

Recursos naturais, 28, 38, 45, 57, 107

Rede de drenagem, 30

Rede de esgoto, 38, 161

Redirecionamento, 102

Referencial de análise, 122

Referencial holístico, 111

Reflexão epistemológica, 106

Reflexos sanitários, 62

Reflorestamento, 89

Região, 84

Região específica, 44

Regime climático, 85

Regiões colinosas, 89

Regiões úmidas, 81

Regional, 27

Regionalização, 111

Regulamentação, 54

Regulamentos, 37

Regularidade, 95

Regularização do regime dos rios, 56

Rejeito, 47

Relação custo/benefício, 47

Relação homem/natureza, 109

Relações mútuas, 122

Relações políticas, 15

Relações sociedade/natureza, 94

Relativa estabilidade, 95

Relatório de Impacto Ambiental, 69, 85

Relevo, 21, 34, 36, 41, 47, 62, 86

Relevo acentuado, 81

Relevo Brasileiro, 140

Relevo terrestre, 20, 47, 72, 86

Relictuais, 120

Remoção de rugosidades, 32

Renascença, 103

Renascimento, 103

Represas, 77

Representação cartográfica, 137

Reservatório, 55, 82, 84

Resistência litológica, 112

Restauração de ambientes, 64

Restinga, 86

Retenção, 57

Retificação dos canais fluviais, 31

Retilíneos, 84

Retirada de mata ciliar, 47

Reuso crescente da água, 49

Revolução Agrícola, 28, 32, 36

Revolução contínua, 98

Revolução Industrial, 28

Rio de Janeiro, 68, 141

Rio Jiquiriçá, 60

ÍNDICE REMISSIVO

Rio Mogi-Guaçu, 47
Rio Nilo, 32
Rios brasileiros, 46
Rios, 33, 34, 57, 59
Risco de contaminação dos solos, 76
Risco de erosão, 55, 74
Risco de erosão dos solos, 54, 55
Riscos, 45, 72
Riscos naturais, 25
Riscos ambientais, 55
Riscos geomorfológicos, 46
Rocha, 21, 26, 46, 77, 115
Rodovia, 77
Ruas, 77
Rugosidades naturais, 31
Runoff, 80, 89
Ruptura do equilíbrio, 121
Ruptura epistemológica, 112
Rural, 27, 40, 130

Saída de matéria, 123
Salinidade, 57
Salinização, 79
Saneamento, 66
Saneamento básico, 15, 18, 59
Saneamento precário, 59
Santa Catarina, 83
São Paulo, 141
Saúde humana, 23
Sazonal, 85
Sedimentos, 23, 57, 82
Sedimentos calcários, 121
Sedimentos costeiros, 66
Segunda Guerra Mundial, 109, 116
Seminatural, 167
Senilidade, 20, 106

Seqüência de eventos, 20
Ser humano, 72
Seres organizados, 121
Serra da Capivara, 45
Serra de Macaé, 132
Serra do Segredo, 135
Simples adição, 107
Simpósio Nacional de Geografia
    Física Aplicada, 90
Sindicatos, 91
Síntese, 98
Sistema aberto, 112
Sistema ambiental, 97, 100,
    111, 115
Sistema complexo, 115
Sistema de alerta, 77
Sistema elétrico, 85
Sistema físico, 41, 107
Sistema natural, 102
Sistema político, 41
Sistemas de classificação, 118
Sistemas de Informação, 128
Sistemas hídricos, 85
Sistematização, 111
Sítio, 107
Sociedade, 13, 21, 38, 41, 46, 54, 55,
    67, 77, 82, 100, 101, 114
Sociedade brasileira, 91
Sociedades humanas, 70
Socioambientalismo, 64
Solo, 21, 30, 32, 35, 46, 57, 59,
    72, 85
Solos agrícolas, 79, 80
Solos associados, 70
Solos férteis, 30, 57 121
Solos lateríticos, 121

Solos menos profundos, 34
Soluções, 76
Subsidência do relevo, 47
Subsuperfície, 47
Sudeste brasileiro, 143
Suíça, 30
Superfície, 89, 143
Superfície da Terra, 37, 72, 87
Superfície do solo, 80
Superfície terrestre, 14, 22, 37, 39,
    41, 43, 44, 45, 46, 47, 72, 74,
    93, 147
Superfícies quase planas, 74
Sustentabilidade, 13, 14

Tamponamento, 87
Taxas, 59
Taxas de erosão, 57, 80
Taxas de infiltração, 89
Táxon, 138, 140
Taxón superior, 138
Taxonomia, 96, 104, 117
Técnicas, 14, 101
Técnicas de geoprocessamento, 146
Técnicas de pesquisa, 37
Técnico, 25
Temperatura, 87
Tempo, 21, 72, 73, 114
Tempo específico, 103
Teores de matéria orgânica, 79
Teoria da Biostasia e Resistasia, 121
Teoria dos sistemas, 95
Teoria Geral dos Sistemas, 103, 110
Teoria Sistêmica, 118
Teorias do Geossistema, 113
Teorias Probabilísticas, 126

Terraços, 77
Território, 71, 103, 104, 116
Testemunhos, 116
Tipificação, 114
Tipo de intervenção, 77
Tipo de sistema, 114
Tipo de solo, 41, 138
Tipologia, 116
Tocantins, 69
Topo do solo, 33
Torrenciais, 34
Torres, 85
Torres de transmissão de energia, 83
Totais pluviométricos elevados, 30
Totalidade geográfica, 137
Transdisciplinar, 14
Transformação, 29, 36, 100
Transformações ambientais, 29
Transformações globais, 13
Transformações temporais, 116
Transmissão, 56
Transporte, 51
Transporte coletivo de material, 75
Transporte do sedimentos, 84
Tratamento metodológico, 113, 118
Trilhas, 62
Trocas de matérias, 108
Turismo, 18, 43, 44, 45, 46, 147
Turismo sustentável, 46
Turistas, 45

União Européia, 70
União Soviética, 105, 109
Unidade, 122
Unidade ambiental, 14
Unidade de Conservação, 18, 63,
    65, 147

ÍNDICE REMISSIVO

Unidade de paisagem, 14, 15, 101, 122, 146
Unidade de relevo, 135
Unidade espacial, 113
Unidades de Conservação, 15, 40, 62, 64, 147
Unidades de relevo, 143, 146
Unidades geoambientais, 60
Unidades homogêneas, 118
Unidades superiores, 119
Unidades taxonômicas, 138
Urbanização, 29
Urbanização acelerada, 62
Urbano, 130
Usina hidrelétrica, 57
Uso do solo, 33, 74
Uso potencial do solo, 130
Uso urbano, 30

Valor estético, 64
Variáveis internas, 101

Vegetação, 104, 113, 120
Velocidade, 76
Vento, 75
Vertentes, 74, 138
Vida útil, 57
Visão geográfica, 105
Visão holística, 98
Visão sistêmica, 108
Visitantes, 44
Vítimas humanas, 18
Voçoroca, 74
Volume total de erosão, 79

Yorkshire Dales National Park, 71

Zona, 119
Zona de contato, 46
Zona tampão, 87
Zonas selvagens, 63
Zoneamentos Ambientais, 62
Zoneamento Ecológico-Econômico, 62

Este livro foi impresso no
Sistema Digital Instant Duplex da Divisão Gráfica da
DISTRIBUIDORA RECORD DE SERVIÇOS DE IMPRENSA S.A.
Rua Argentina, 171 - Rio de Janeiro/RJ - Tel.: (21) 2585-2000